［英］巴布斯·贝汉◎著 | 摄影：［英］金·莱特博迪

华　敏◎译

植物染：
活色生香

中国纺织出版社有限公司

作者自述

我第一次接触天然印染工艺是从朋友处得知印度一家植物染料模版印花厂。我曾在伦敦艺术大学学习面料设计并获得学士学位，我总担心面料中使用的合成化学物质会附着在我的皮肤上，并飘散到空气中。每天一进入工作室，就感觉一股"有毒"蒸汽扑面而来，长时间在这种环境下工作极不安全。我想找到一种更具可持续性且更自然的方法，所以我在印度斋浦尔安排了一次实习，就在我朋友参观过的工厂。事实证明，这次实习足以改变我整个人生的经历。

莫卧儿风格（Murghal-style）的印花织物外观优雅：手工雕刻的柚木块和植物染料在手织土布和手工纸上创造出精致的印花图案。由于现在对合成丝网印刷和滚筒印刷的需求不断增加，这种世代相传的工艺基本上已经消失。但是，我爱上了木块的线条质感以及植物染料的朴实颜色，还有工匠手工制作的精美作品。

我学会了如何根据自己的插图雕刻木块，如何玩转重复图案，以及如何在棉布和丝绸上使用植物染料。我还了解了优质丝质纱丽回收行业。回收布料似乎是一种更可持续的服装制作方式。这促使我创办了一条服装生产线，专注于使用天然纤维和回收老式布料制作色彩鲜艳、富有表现力的波希米亚服装，然后在英国独立精品店出售这些服装。

与此同时，我前往各地旅行，为了探索其他的文化，探索不同的生活方式和观察世界。我发现许多地区仍然在使用植物染料进行染色。无论我走到哪里，我都尽可能了解每个地方特有的天然染料。在老挝，我使用茜草和靛蓝制作染料，并用传统的纺织机构奥克·波普·托克（Ock Pop Tok）的

方法将和平丝染色，制成最有光泽的血红色和深蓝色。在秘鲁的圣谷，我和一位盖丘亚族染色工匠在他位于海拔2000米的家中待了一个星期，在那里我们用大锅将植物染料制成鲜艳的亮粉色、柔和的绿松石色、深绿色、猩红色和芥末黄色。在印度尼西亚，我探索了在棉布上用蜡进行蜡染绘画。在印度南部，我了解了他们的天然染织工业。

经历了六年旅行工匠的生活后，我已经准备好做出改变了。国际供应链对我来说不再有任何意义，相反地，我梦想着一个本地制造系统的重新出现，使用本地采购的纤维和天然植物染料。2013年，我在科茨沃尔德的一个艺术家居住区度过了整个夏天，开发了一个由当地绿篱植物制成的染料调色板。我喜欢利用身边的植物创造颜色的魔力，通过植物独特的草本精华绽放出绚丽色彩。我的衣柜里装满了各种颜色的服装，这给了我一种归属感，并赋予我力量，就像草本护身符一样。我开始将我学到的知识传授给他人，与他们分享寻找植物染料的乐趣，并以一种新的有趣方式与大自然联系起来。

于是，我在英国布里斯托尔成立了一个手工天然染料作坊，并取名为植物油墨工坊。这个工坊专门为当地设计师创作有机的自然染色和印花的布料和纸张，并提供有关当代和传统染色印花工艺的培训班。我希望引起人们对制造品所涉及的生态和社会问题的关注，并提供可行的、环保的解决方案。

植物油墨工坊让我有了能够展示天然材料和技术的可能性。最终，我希望这项工作可以鼓励我们进行变革。重新采用一些久经考验的旧工艺，并将它们与我们当代的技能和技术相结合，这样我们才能以一种对人类和地球更负责任的方式工作和生活。

目 录 CONTENTS

植物油墨工坊

大自然的多姿多彩带给人们太多快乐。我创办植物油墨工坊，就是为了探索自然界中可以利用的资源，减少织染业对环境和人类的影响。

植物油墨工坊最初是通过举办讲习班，传播我在旅行中学习和了解的天然染料技术，重点是如何使用天然材料和工具。这些材料和工具可以被安全地使用，并且可以在使用寿命结束时被安全回收。我喜欢与当地的农民、种植者、织工和工厂合作，采购和使用100%有机天然染料、媒染剂、布料和纸张。

我还使用天然纤维工具，如木制印版、刷子和细绳。参加讲习班的学员似乎对这些实际操作，以及从植物中提取颜色的方法产生了兴趣。他们从制作天然染料、绘画颜料和印刷油墨中受到启发，并将它们用于纺织品和纸张表面设计技术中。

使用亲手制作的材料和身边生长的植物来创造艺术，是一种令人难以置信的体验。走在路上，捡起落叶，收获鲜花和浆果，挖出带有泥土的根，然后将它们浸泡在水中提取色素，这是一件简单而美好的事情。

我见过人们一次又一次地爱上这些创造事物的新旧方式。他们喜欢给世界带来更多的美，却不需要对环境或个人健康造成危害。

我很乐意分享这些技能，我想让其他人也能够更容易地将天然材料用于他们的创造性追求，并让染织行业的人们看到商业可行性。

讲习班广受人们欢迎，植物油墨工坊开始提供限量的手工天然染色产品和定制服务。这些产品包括扎染丝巾、利用回收新娘捧花制作的丝绸内衣和纪念品、利用废弃食物染色的桌布、书写墨水和模版印花的礼品卡。展示了在英国真正可能实现的高水平可持续实践活动。

利用本地资源和具有文化特征的传统技能现场制作物品是一件令人高兴的事情，这样不仅加强了本地意识，同时还加深了土地和自然的关联。

对于待在家里制作一些小物件的人们来说，这其中真正的关键也许就是建立与大自然的联系。现代生活中更多的时间是在室内度过的，与植物、动物和天然景观互动的机会较少。花时间在户外，与大自然建立有趣的关联，可能是一种融入环境并培养对自然世界亲和力的方式。植物油墨工坊让我能够做到这一点，我希望这本书也能帮助你融入自然。

如何使用本书

本书旨在为家庭印染提供指导。天然染色并非一门精确的科学，也就谈不上何为正确的印染方法，所有的方法都只有合适与否。最好从头到尾通读本书，如前两章所述，纤维、媒染剂和助剂，以及制作染料，为你提供了入门所需的所有基本信息。本书的大部分内容都参考了这两章，包括如何准备织物以及如何制作和使用染浴。染料颜色这一章列出了一些你可以找到或买到的最流行的染料，并概述了它们的特性，以及染液配制和使用的技巧。染色工艺这一章探讨了将天然染料用于纺织品的染色和印花工艺。最后，实际应用这一章提供了一系列创意，帮助你将染色纺织品变成精美的礼物和物品。希望本书能启发你的创作灵感。

天然染色

天然染料是从大自然中提取的，如植物、矿物和昆虫。植物能提供最多的天然染料，这些染料来自植物的叶、花、根、浆果、坚果、种子、木材和树皮，以及真菌和地衣。矿物染料是来自泥土和岩石的颜料，如赭石和棕土。昆虫染料由胭脂虫、虫角和紫胶虫制成。这些天然染料富含维生素、矿物质和草本精华。

天然染料可用于纺织品，如羊毛、纱线、布料或缝制成品。它也可以直接涂在纸张表面或其他天然材料上，如贝壳、皮革、木材或陶瓷。它获得的颜色具有光泽和深浅层次，因为是由许多不同颜色的细微颗粒组成。而合成染料仅由一种或两种单一的颜料制成，颜色看起来太单调。此外，由于天然染料含有如此多的颜色细微颗粒，不同的染料颜色会相互补充，不像合成染料有时会呈现不和谐的刺眼效果。

当你知道你用来创造美好事物的材料本身就充满美感且使用安全，甚至可以滋养皮肤、身体和美化环境，这种感觉很温馨。

天然染色的历史

据史料记载，早在大约公元前10000年的新石器时代，人们就开始从自然资源中提取颜色，将矿物中的天然色素用来绘制洞穴墙壁、贝壳、石头、兽皮和羽毛。但是，这些色素仅附着于表面，因此不同于与纤维结合的染料。由于缺乏书面记录，很难追溯天然染料的历史使用情况和染色后物品的特性。除非这些染色后的物品像古代墓葬中的木乃伊一样保存得非常好，否则很快就会被侵蚀和腐烂。

关于染色的最早文字记载可以追溯到公元前2600年的中国，当时有红色、黑色和黄色染料的配方。在图坦卡蒙陵墓和前印加人的墓葬中，发现了天然染色纺织品。在《圣经》中提到了猩红色的亚麻布，在亚历山大大帝和伟大的作家迪奥斯科里德斯、老普林尼和希罗多德的著作中也提到了被染色的长袍。

在中世纪，据说治疗师、草药师、助产士和天然染色师这些了解植物知识的人将他们的内衣浸泡在啤酒和滋补品中，然后穿在皮肤最敏感的部位，以吸收啤酒和滋补品的治疗功效。不幸的是，这些智者中的许多人被谴责为女巫并被处决，但极少数人躲藏了起来，并将他们的技能和植物知识传给了后代，让植物知识一直流传下去，直到人们能够安全地再次使用它。

纵观全球历史，天然染料和纤维一直代表着当地生物特征：可用的自然资源有助于塑造颜色的潜力、处理纤维的方式，以及应用颜色的工具和方法。一些地方幸运地拥有可提取令人兴奋的颜色的植物，如印度苏木的亮粉色和红色，热带地区罕见的深靛蓝色，墨西哥胭脂虫的鲜艳粉色，以及地中海西部古老腓尼基人崇敬的泰尔紫色。

有些染料非常稀有和珍贵，因此仅供皇室享用，作为身份和地位的象征。价值如金的泰尔紫就是一个很好的例子。提取泰尔紫需要粉碎成千上万只海螺以获取它们紫色的分泌物，它的价值相当于其同等重量的黄金，所以这种颜色仅用来装饰国王和祭司的斗篷。

在欧洲，人们使用的颜色倾向于柔和的色调，如柔和的粉红色、黄色、朴实的橙色和棕色，以及浅绿色。它们本身就精致且美丽，与柔和的景观和动植物的自然色彩相得益彰。

当发现新的媒染剂可帮助固定颜色后，就有了调色板的出现。在古埃及和印度，人们使用明矾和铁作媒染剂，而中世纪的染坊在染浴中使用了铁、铜、明矾和锡。有些地方鲜少有这种金属，就使用植物媒染剂，如大黄、石松或栎瘿。可能还有海水、豆浆、鹿角漆树、杜松针、山矾科、动物尿液或天然富含铁的泥浆等媒染剂。

随着世界各地开辟了更多贸易路线，中国和美洲的热带染料分别通过骆驼和海运来到欧洲。富裕的欧洲家庭开始使用颜色更亮的染料。染色材料一度被认为是完美的运输商品，因为它们稀有、价值高、体积小且经久耐用，可以经受长途运输。到了18世纪，英国殖民主义看到了大规模经营的发展，以满足日益增长的消费文化的需求，欧洲发生的工业革命导致了大规模生产。

但是，随着纺织厂和造纸厂的机器取代了人工，染料颜色和色牢度的标准变得更加苛刻。化学家们开始寻找从染料中提取分离出的颜色颗粒的方法，以制成更饱和的颜色，并最终发现了从煤炭工业的副产品中提取色素的技术。在19世纪中期，威廉·珀金（William Perkin）率先开发出一种由煤焦油衍生的紫红色染料，同时试图找到一种合成奎宁来治疗疟疾。随后，不同化学染料的供应量激增，完全超过了天然染料的使用。

尽管如此，更传统的工作方式仍然存在。1880年至1920年，在英国盛行并传播到欧洲其他国家和美国的工艺美术运动要求保留美术和装饰艺术中的传统工艺。它的成员反对工业的进步，崇尚简单形式、天然材料，质量和制作过程本身。威廉·莫里斯（William Morris）是这一运动的先驱之一，他的作品偏爱植物提供的纯净色调，其灵感来自在大自然中度过的时光。莫里斯使用靛蓝、胡桃木、胭脂虫、胭脂（干燥雌体）和茜草等天然染料，创作出精美复杂的印花壁纸和纺织品。他长期和工厂工人待在一起，特别关注工人们的健康福祉，因此担心工业造成的污染。在19世纪晚期，他的工厂是极少数使用传统和更生态技术进行印染的工厂。

当前背景

如今，天然染料的使用其主要限于家庭和手工染坊、传统工匠和世界各地的少数商业规模单位。然而，人们普遍地认识到合成化学品对环境的有害影响。在合成染料行业，工人的健康可能会受到损害。据报道，无数的皮肤病、呼吸系统问题以及一系列重大慢性健康问题和死亡案例均与此相关。但是，不仅这些材料供应链上的工人们面临刺激性化学成分伤害的风险，穿戴含有某些合成化学物质物品的消费者也可能会将毒素吸收到皮肤中。

在合成染料生产过程中需大量使用水，这本身就存在问题。更令人担忧的是水会被污染。纺织印染业的废水是世界上污染最严重的废水之一。

我们能否被动等待管理机构来应对这些行业所造成的社会和环境影响，并等待负责的公司对人类和地球产生的影响承担相关责任呢？

我们应该更多地了解物品的制造方式和对我们的影响，思考我们究竟应该支持什么反对什么。我们需要更多的解决方案和更好的替代方案，让更多设计师和制造商，使用本地的、有机的、合理采购的材料以及采用环保的生产方式，并意识到环境和社会影响是他们工作中应该关注的核心。

改变消费者的需求可能是结束破坏性生产方式的最有效解决方案。只有这样，我们才可以开始远离使用合成染料的纺织品、涂料、油墨和绘画材料。看到人们现在对慢节奏的生活方式和更生态的设计方法重新产生兴趣是十分鼓舞人心的。

与化学合成品相比，天然染料的成本要低得多，而且生产成本也更低。我们可以很容易地在花园和公园等地方找到或种植大多数流行的染料植物。使用和穿戴天然材料制成的衣物，除了更美观，还能让你感觉更多地融入大自然的美好。

纤维生产（Fibershed）模式＋布里斯托尔布料

所有生命包括动物、植物和人类都依赖于土壤。而纺织品的制作方式和土壤健康息息相关。据统计，在商业领域使用了一万多种染料和颜料，其中包含八千种化学物质。有一个方法可以解决合成染料导致的环境和社会危害，这就是纤维生产模式。这种"从土壤中来，到土壤中去"的概念通过将区域内独立的有机纤维和染料植物生产者与设计者和制造商以及消费者联系起来，来振兴纤维制造业和具有复原力的相关经济。

纤维生产模式的生产系统是可持续的，目的是在农业和加工单位附近建立可再生能源驱动的工厂，以缩短运输距离和减少对化石燃料的依赖。在纤维和染料的生产中，采用碳中和和固碳方法可重建土壤质量。这个模式考虑了从土壤中来到土壤中去的整个纤维生产系统，因此在服装或产品的生命周期结束时，它可作为生物养分安全地回归到土壤中，而不是作为污染物进入垃圾填埋场。这意味着纤维模型的模式在提升区域经济的同时，也在滋养环境。

2015年，我与布里斯托尔纺织区的艾玛·黑格（Emma Hague）联手建立了布里斯托尔布料项目，并生产了一种当地采购和制造的布料。布里斯托尔布是我们受到纤维生产模式的启发而制成的产品，这是一种100%羊毛织物，采用来自英格兰西南部的当地材料和制造工艺，不含有毒

的合成化学物质。这种天然染料染色的布料是在整体管理的费恩希尔农场、机织纺织品设计工作室Dash+Miller和布里斯托尔纺织厂（布里斯托尔100年来第一台工业规模的织机）的帮助下构思出来的。

我现在独自管理布里斯托尔布项目，希望很快能在商店里看到第一批布里斯托尔布料和产品。我的梦想是，通过一个可行的工作模式，让其他人跟随我们的脚步，重建一个充满活力和成功的英国有机纺织业。

考虑到这一点，我鼓励你更详细地探索纤维生产模式和整个农业生产。

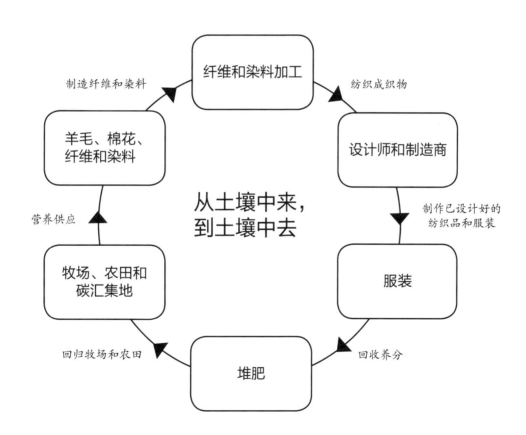

该插图是安德鲁·普罗特斯基为fibershed网站绘制的图表

从左上图开始，分别是矢车菊、三色堇、苹果树、紫雏菊

寻找染料原料

从私人庭院到公园、林地和荒野，我们周围有无穷无尽的天然染料来源。一旦你开始培养自己对自然色彩的生态素养，你在任何地方都能看到色彩的潜在魅力。

无论你选择何种染色材料，无论是新鲜采摘的植物还是专业供应商提供的干燥染色材料，本书都将指导你将其变成染浴，为你的生活带来自然的色彩。

房子和花园

首先，重新考虑你在烹饪时扔进垃圾箱或堆肥的东西。洋葱皮含有大量的色素。丢弃的卷心菜和羽衣甘蓝叶、胡萝卜顶部、甜菜根末端以及南瓜和南瓜皮都可用于产生美丽的色调。我一直以来最喜欢的颜色之一是鳄梨皮带来的柔和的灰粉色和比果核略深的色调。你可以回收用过的茶包、咖啡渣和各种水果蔬菜榨汁后剩下的渣。即使是剩下的红酒也可以再利用。这是一种很好的获取颜色的方法，你可以利用烹饪后的副产品，并且之后它们仍然可以当作堆肥，滋养土地。

如果你有幸拥有一个花园或一片空地，那么你将有机会拥有各种各样的颜色。许多香草都能产生浓烈色彩，如迷迭香、薄荷、鼠尾草和百里香。它们通常也是非常耐寒的植物，可在一年中较冷的几个月里继续生长，因此提供了持续的色素来源。除了精选的花园蔬菜和香草，你还可以种植各种花卉，如玫瑰、水仙花、郁金香和蜀葵，采用捆扎染色和敲拓染技术，可以获得更明亮的色调。你还可以购买传统的染料植物种子和根茎（从经过有机认证的来源处购买），如茜草、淡黄木犀草甚至靛蓝，种植在花园里。更多方法，见下文。

农场和荒野

如果你住在农场附近，经农场主同意后，你可以从中获取一些需要的植物。酸模属植物对农民来说是个大麻烦，大多数人都不喜欢它们。而被丢弃的核桃壳可以回收用于制作最美妙的棕色和黑色。

如果你没有花园或农场，那就看看你周围的风景。在野外的自然空间，也生长着无尽的具有色彩潜力的植物。在我居住的地方，有大量绿篱植物，如荨麻、黑莓和苹果树，以及其他常见于林地的物种，如蕨类植物和松树。草地和草坪上经常点缀着蓍草、酸模和蒲公英。即使在荒地，也可以找到植物和香草。

收集自然掉落在地上的树叶和花朵。如果你真的从植物上剪下插条，请尽量不要从植物的某一部分过度修剪。从茎上的每三片叶子/花中，或从每三株植物中采摘树叶和花朵，并且只取可以轻松再生的健康植物。你还可以收集种子或从当地野生植物中扦插繁殖。

请务必事先征得土地所有者的同意，即使是在公共空间。

在线购买

对于你无法在当地种植或采购的某些染料，你可以联系负责任的可持续天然染料的在线供应商。你将收到干燥的染料材料，包括木屑、粉末或萃取粉末。更多信息，参见第53页。

打理花园的技巧

艾菊

每一个季节都会有新的色彩，植物的不同部分或不同种类的植物可用于提取不同的颜色。根据你的所在地，选择土生土长的植物或可在土壤和气候中良好生长的植物。

为了最大限度地利用它们，可以考虑使用本身具有以下特性的植物，例如，能够提取颜色的香草，能够提供营养和色素的水果和蔬菜。重点种植一定数量的多年生自繁品种，这样可以避免每年都要重新种植的麻烦。并尝试种植那些被切割后可快速恢复生长的植物，如羽衣甘蓝和薄荷。还可以考虑种植一片荨麻，因为它们可快速再生，而且偶尔修剪一下似乎更有助于其茁壮成长。荨麻还具有出色的固氮特性，可滋养土壤。你还可以种植天然媒染剂，如大黄、琉璃苣或胡桃树。

混合种植一年生植物也是很好的，这样在植物生长周期的每个季节都有可用于提取颜色的部分。你可以采摘树叶、果实，而不必挖出整株植物的根，确保植物可再生。种植植物时，请考虑一年中不同时间植物的能量来源。例如，在较冷的月份，能量会储存在根部，然后向上移动到新叶中。播种时，能量和浓烈色素会留在种子里。一旦种子干燥脱落，能量就会循环，回到根部。去植物能量所在的地方，寻找最丰富的色素来源。

种植一批能为你提供多种颜色选择的植物。在温带气候，你可以从菘蓝获取蓝色，从茜草获取浓郁的红色，从酸模和蒲公英根获取芥末黄色，从蜀葵获取暗红色，从向日葵获取紫色，从洋葱获取橙色，从紫草获取绿色，从绣线菊获取黑色。靛蓝、茜草和淡黄木犀草是三种传统原色，可以获得更广泛的颜色，所以请考虑从种子中获取这些颜色。

关于印染的术语

酸（酸性）和碱（碱性）： 这是指在一定pH范围内的物质。如果一种物质的pH为1~4，则是酸性；如果pH为5~7，则是中性；如果pH为8~11，则是碱性。你可以用石蕊试纸测试物质的酸碱度。

明矾： 在本书中，明矾指硫酸铝钾。这是一种无毒的金属化合物，可用作媒染剂，帮助将染料固定在纤维上。

固化： 固化工艺通常用于帮助颜色固定在纤维中。要固化已染色的纤维，请将其挂在干燥的地方，避免阳光直射。在清洗之前，让它风干并固化一段时间。具体时间从几天到几周不等。时间越长，效果越好。

染料的处理： 当使用少量无毒天然染料时，你可以通过用水稀释并冲入污水系统或排水管中来处理剩余的染浴溶液。在某些情况下，你可以将剩余的染浴用作某些植物的肥料。如果处理工作量较大，应该使用专业的水过滤系统，在染料水进入污水系统或下水道之前对其进行清洗。

媒染剂和助剂的处理： 当使用少量无毒媒染剂（明矾、铁和单宁）或助剂时，你可以将其用大量水稀释，然后冲入污水系统或排水管中来进行处理。也可以将明矾和铁媒染剂倒入石南、金链花、蓝云杉和木兰等喜酸植物根部附近的土壤中。如果采取这种方法，应该先用大量水稀释，然后在一段时间内倒入花园周围的不同地方，以免影响土壤的酸碱度平衡或损坏植物。

染浴： 指染料悬浮在水中的溶液，用于纤维染色。

染料颜色： 如果要检查染浴是否具有足够深的颜色，请将茶匙浸入碗中。如果茶匙消失了，并且你在表面下看不到它，那就说明颜色足够深。

染锅： 用于盛放染浴的非反应性容器。在本书中，经常将其称为"锅"。

染色材料： 用于染色的材料，如植物材料（叶、花、根、浆果、坚果、树皮）或食物垃圾。可以是新鲜的或干燥的，完整的或碎片、刨花。包括染料粉末和萃取粉末。

萃取粉末： 一种染料粉末，由从原始染料材料中分离和提取的染料颗粒组成，比标准染料粉末强得多。有时被称为"染料萃取粉末"。

色牢度（耐光色牢度、染色色牢度、耐磨色牢度、耐洗色牢度）： 材料或染料抵抗褪色的量度。这种褪色是由于暴露在光线下或因摩擦、磨损、洗涤或老化引起的。

纤维： 在本书中，纤维指的是纺织品和纸张，以及它们的来源物质。例如，用于丝绸和羊驼毛等纺织品的动物纤维，或用于大麻和棉花等纺织品的植物纤维。本书还使用了"织物"这个术语，可与"布料"互换。

助剂： 是用来改变染料颜色的溶液，以赋予更广泛的颜色。对染料进行改性以产生不同的颜色效果。

媒染剂： 用于帮助染料与纤维结合以获得更好的不褪色效果的溶液。它还影响染料的颜色效果，可以在染色过程之前（预媒染）、期间或之后（后媒染）使用。最好的结果往往是通过预媒染获得的。

非反应性材料： 不锈钢、玻璃、陶瓷等不会与染料发生反应的染锅和工具，而铁、锡和铜等反应性材料会浸入溶液并导致颜色变化。

套染： 对已经染色的纤维进行染色，因此在纤维上再增加一层染料，这可能会改变纤维的整体色调。

层染： 有些染料在颜色分层时效果更好，通过对纤维染色一次，然后染色。这与在染浴中使用更多染料材料形成对比。层染可以产生更持久可靠的效果。

酸碱度： 用于确定水溶性物质的酸度或碱度的数字标度。

中性皂： 中性酸碱度的温和香皂，适合敏感肌肤。大多数肥皂都是碱性的，这会损害皮肤和纤维，还会影响细腻的天然染料并改变颜色。最好的做法是在所有天然染色过程中使用中性皂，并护理自然染色的纤维，以保持和延长颜色效果。我喜欢用布朗博士的有机婴儿无香皂液。

预湿： 在将任何纺织品（布料、纱线或羊毛）进行任何自然染色过程（包括媒染、染色和助剂）之前，你应该始终确保纤维彻底浸湿，以确保纤维颗粒是开放的、多孔的，并且能够始终充分地吸收染料、媒染剂、助剂溶液。将纺织品浸泡在清水中，最好浸泡8~12小时，或者至少1小时。完整说明，参见第30页。

取样： 始终在媒染剂、染浴或助剂溶液中测试纤维碎片，以检查你是否有正确的解决方案来产生你想要的颜色效果。

清洗： 布料、纱线、羊毛（本书中除纸以外的所有纤维）都应在染色过程之前进行清洗，以去除污垢、油脂、淀粉或灰尘，并最终获得良好、清晰和一致的颜色。完整说明，参见第30页。

安全： 处理媒染剂、染料和助剂时，应始终采取预防措施。使用护目镜遮住眼睛，戴上手套，戴上呼吸道防尘口罩，并在通风良好的区域工作。请勿将任何材料放入口中，并远离儿童和动物。时刻监督孩童。

可持续： 使用可保持生物系统多样性和健康的方法，避免自然资源或环境的枯竭或永久性破坏。

水： 本书中提供了用水量的指南，但没有给出精确的测量方法。这是因为你需要的水量取决于染色纤维的多少和使用的染锅。始终保持纺织品可在足够的清水中自由摆动。确保染锅顶部留有空间，以便煨、煮或搅拌染浴。如果在这个过程中的任何时候发现水量不够，请添加相似温度的清水。这样不会稀释染料的颜色。在整个过程中，需密切关注水量。水温不是特别重要，用手摸时没有任何不适即可。但是，有些时候必须使用沸水，这一点将在具体地方详细说明。

纤维称重： 许多染料配方需要称取纤维的重量。应在清洗并晾干后再称取重量。因为很多污垢将会被冲走。

木屑： 木材染料，种类有原木和苏木，可以购买其木屑。木屑是通过切割或削去木材的较大部分制成的。

选择合适的纤维

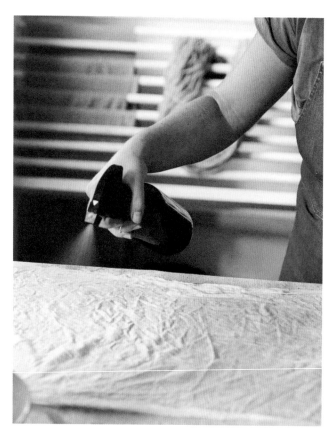

在开始之前请考虑使用最适合的纤维（纺织品、织物）。未漂白和未染色的天然纤维是染色实践的首选。

许多纤维经过漂白后呈现出纯白色，而不是天然的灰色或米色。这使自然染色工艺有些过时，所以尽量购买未漂白和未染色的纤维进行加工。天然的颜色才能打造出更好的染色效果。此外，尽量选择有机种植和可持续的品种。我在第185页列出了一些我最喜欢的供应商。

一般来说，纤维分为两类：动物（蛋白质）纤维和植物（纤维素）纤维。不同组纤维的处理方式和对染色工艺的反应会有所不同。接下来将介绍各种可用的纤维，以及分别选用何种媒染剂。

关于可持续纤维的说明

使用可持续纤维可以保护环境。大多数可持续纤维都有利有弊，很难找到一种对环境和社会没有影响的纤维。纵观纤维的整个生命周期，从它生长的土壤到它生命周期结束回到土壤中，你可以决定选择哪些纤维，适合你的优先考虑。

许多"生态纤维"，如竹子、人造丝、黏胶纤维和天丝，都是由植物纤维制成的，但它们需要密集的化学加工才能变成织物。出于这个原因，我选择完全避开它们。利用石油为原料生产的合成纤维，例如，从石油中提炼出来的聚酯纤维不能生物降解。此外，人们发现，在清洗时，腈纶会将数百万个微塑料颗粒释放到水系统中，对海洋野生动物造成环境威胁，并进入食物链。再生纤维由工厂纺织废料或消费后的纺织废料制成，这些废料被纺成线并制成新的织物。尽管这样减少了废料，但它们可能含有合成纤维或化学物质，因此会造成与其他合成纤维相同的问题。

植物纤维

> 棉花
> 亚麻
> 大麻
> 苎麻
> 荨麻

植物纤维比动物纤维需要更多的加工处理，才能在染色时达到相同的颜色强度。除非使用媒染剂帮助其固定染料，否则颜色通常会显得苍白，因为植物纤维很难染色。从某种意义上说，我们使用媒染剂就是为了让它们更像动物纤维，更好地呈现颜色。

在温度变化和极端情况下，植物纤维比动物纤维更有弹性，它们通常可以煮沸而不会受到损坏，无论从热到冷或从冷到热都不会产生明显的影响。

关于再生纸的说明

纸张可以由木材、香蕉、芒果或棉花、蘑菇等各种植物纤维制成。你可以寻找环保纸供应商。在英国，有一家公司生产用玉米种植副产品制成的纸。再生纸通常由消费后的废纸制成，这意味着它可能含有不同水平的合成颜料和溶剂。尽管有可能找到未经进一步化学漂白、加工或着色的再生纸，但最好从当地造纸厂购买纸张。或者购买印度卡迪纸，它由回收的棉花制成，质地柔软。但请注意，卡迪纸通常由漂白棉制成，并可能与其他合成材料混合制成。

可持续的植物纤维

棉花：有机棉花比标准棉花使用更少的化学杀虫剂和化肥，尽管种植和加工过程仍然需要使用大量的水。但如果在多雨的国家种植有机棉花，这就不是什么大问题，但许多生产者位于干旱多发地，依赖自来水或河水会对当地社区产生影响。遗憾的是，全球棉花产量中只有约1%的有机棉花。

亚麻：由亚麻植物制成，与棉花相比，种植时所需的肥料更少，农药使用也更少。亚麻是最结实的纤维之一，与其他植物纤维相比，它透气、吸水性强、染色效果好。

大麻：一种快速生长的韧皮纤维植物，生长周期短，并且每英亩可轻松提供比棉花多2~3倍的纤维。它不需要使用除草剂或杀虫剂，因为它具有天然的抗害虫能力。它将养分输送回土壤中来滋养土壤。大麻织物具有透气、保暖、吸湿排汗、抗菌和耐用的特点。

苎麻：一种多年生植物，已有数千年历史。原产于亚洲东部，与荨麻同科，其强韧的韧皮纤维非常长，是制作织物的理想选择。不需要使用化学除草剂和杀虫剂，苎麻就能生长得又快又好。但苎麻纤维的脱胶任务需依靠艰苦的手工劳动进行专业加工，这使生产成本很高。手工生产的苎麻纤维不含化学物质，也可以工业化生产苎麻纤维，在这种情况下，它是化学密集型的。苎麻织物有光泽，类似于丝绸，但强度更高。

荨麻：在大多数生物区，荨麻仅需较少维护和最少的水分就可大量生长。荨麻生长在质量最差的土壤中，将氮和其他营养物质输送回土壤中，不需要除草剂或杀虫剂。荨麻织物柔软而有光泽。

动物纤维

| 羊毛 |
| 丝绸 |
| 羊驼毛 |
| 马海毛 |

这些纤维往往比植物纤维更能吸收染料的颜色并更长久地保持颜色，而且通常不用媒染剂就可着色。

然而，它们可能很脆弱，需要非常温和地加工处理。应使用低温染色技术，以免破坏纤维质量。丝绸在高温下会失去光泽，而羊毛在高温下会迅速收缩。

同样重要的是，不要将动物纤维从一个极端温度带到另一个极端温度，以免受到冲击。相反地，让温度逐渐变化，让染浴自然冷却，然后取出纤维用冷水清洗。同样，将冷洗过的纤维放入冷染浴中，然后缓慢升温。

可持续的动物纤维

羊毛：可从少数农民那里获得有机羊毛。在英国，有机羊毛来自只食用100%有机谷物并在经过认证的有机土地上放牧的绵羊，并且不使用化学浸渍剂和抗生素。理想情况下，有机羊和牛轮流放牧，使两种动物都能接触不同的草，从而提供更广泛的营养价值。

丝绸：一种有光泽的织物，由蚕茧制成。制作传统的丝绸时，可通过煮沸活的蚕茧杀死蚕蛹，但是和平丝绸或不杀生丝绸可以让蚕蛹像飞蛾一样存活并孵化出来。这意味着蚕茧的单个连续线被分成几块，因此，需要额外纺纱，所以价值更昂贵，而效果和其他丝绸一样好。

羊驼毛：由羊驼的羊毛制成。羊驼是一种看起来像小美洲驼的南美骆驼。羊驼毛比绵羊毛柔软，而且不含羊毛脂，因此具有低过敏性。羊驼通常在山坡上放牧，它们在那里自由漫步。羊驼毛纤维通常不需要杀虫剂或抗生素处理，因此它们的羊毛通常是天然有机的。

马海毛：来自安格拉山羊毛。马海毛纤维丝滑结实，具有天然的阻燃性和弹性，不毡不皱。大多数商用马海毛来自南非和美国。应从采用可持续养殖方法（有助于土壤健康的轮牧、手工剪毛）的小规模农场采购马海毛。

清洗和煮练

在染色或印花之前，需进行适当准备，避免纤维中藏有灰尘、油脂、淀粉或任何种类的污垢，影响染色效果。

1. 将纤维放入洗衣机中，在40℃的水下进行清洗。如果所用纤维太脆弱而不适合机洗，则应用手洗涤。

2. 纤维煮练，将纤维从洗衣机中取出后，在潮湿的状态下放入一个装满水的非反应性大锅。锅应该足够大，让纤维可以在其中自由摆动。重要的是不要超出锅的容纳能力，因为脏东西需要能够很容易地从纤维的褶皱中被冲出来。

3. 使用安全且对皮肤无刺激的生态肥皂。你需要使用与正常洗衣所需的相似肥皂量。

4. 如果使用丝绸、羊毛或羊绒等精细的动物纤维，放入水中慢慢将水加热至沸腾，保持1小时，不时进行搅拌。然后关火，让纤维在水浴中冷却。

5. 如果使用亚麻或棉花等坚韧的植物纤维，将其放入水中，将水煮沸，并继续煮1小时，不时进行搅拌。然后关火，让纤维在水浴中冷却。

6. 待冷却后，倒掉污水，换成干净的水，用手冲洗纤维。你可能需要重复两到三次，直到水中看起来没有肥皂泡沫和污垢。

你可以马上使用尚在潮湿状态的纤维。如果不立即使用，请将它们挂在外面晾干，然后储存在密封的袋子或盒子中，以免受虫蛀、灰尘和污垢的侵害。

称取纤维重量

许多染料用量配比需要称取纤维的重量。纤维应在清洗、煮练和干燥后再称重，你会惊奇因为大量污垢会被洗除。

预浸湿

纤维在进入染浴前需要预浸湿，因为潮湿状态下的纤维膨胀、开放，因此是多孔的，可以更好地浸没在溶液中，以便充分吸收染料、媒染剂或助剂。

预浸湿纤维时，将纤维放入一大锅水中浸泡至少1小时，或者为了获得更好的效果，浸泡8~12个小时或一夜。时间越长，效果越好。

媒染/浸湿

媒染后，可以清洗、漂洗和拧干纤维，去除多余的水分。然后，在潮湿的状态下，放入染浴中，无须进一步浸湿。

然而，如果媒染纤维已经风干（可能用于以后），则需要预浸湿。当你准备好进行染色时，请按照上述说明预先浸湿纤维，并在潮湿状态下进入下一个步骤。

媒染剂

大多数染料需要固色剂进行固色，以帮助颜色与纤维发生化学结合。例如媒染染料。"媒染"这个词来自拉丁语"mordere"，意思是"螯合"。媒染剂可以让颜色"螯合"纤维，这样它就能耐光、耐洗或耐摩擦。

可以在染色之前、期间或之后进行媒染。为了获得最可靠和一致的效果，我建议在染色之前进行"预媒染色"。但是铁除外，因为铁的后媒染效果更好。纤维的类型决定了你需要使用的媒染剂的种类。动物纤维和植物纤维需要不同的媒染剂。

媒染剂也会影响染料的颜色。在第66~67页的图表中，你可以看到使用矿物媒染剂时与使用植物媒染剂时，染料颜色结果的差异，这在动物纤维和植物纤维上都是如此。

植物媒染剂比矿物媒染剂更可取，因为它们是天然的、可再生的资源，并且使用后的处理通常更安全。使用植物媒染剂的缺点是，它们往往会在染色前在织物上留下轻微的米色或黄色色调。如果你想要浅色调，这可能会影响染料的颜色效果；如果你追求丰富的深色调，就没什么问题。然而，植物媒染剂很难实现浅色、苍白或亮色，比如泡泡糖粉色或淡黄色。颜色图表（参见第66~67页）强调了植物媒染剂可以产生丰富而柔和的色彩。

储存媒染剂

关于如何处理媒染剂，参见第20页。请注意，媒染浴可以用于制作媒染剂。将它们储存在带盖的桶或密封罐中，放在阴凉、黑暗、干燥的地方。使用时，根据织物的重量，在剩余的媒染剂中加入适量的配料。

大黄叶媒染剂（第34页）可保存6个月。明矾和酒石膏（第35页）可以无限期保存。栎瘿媒染剂（第37页）也可以储存多年。如果出现异味，你可能会扔掉它。

植物基媒染剂

植物纤维可以用植物基媒染剂进行媒染，如可以很容易地从栎瘿（英国最传统和有效的植物）、橡树皮、栗子、橡子、核桃和其他坚果和树皮中提取的单宁酸。

动物纤维可以用植物基媒染剂进行媒染，如从大黄叶（也是英国最传统和最常用的植物）、鹿角漆树、琉璃苣和某些海藻中提取草酸。

如果考虑采用更可持续的做法，最好先看看你在当地环境中可以使用哪些植物基媒染剂，然后使用矿物基媒染剂。矿物基媒染剂通常是合成生产的或有限的资源（除了自制的铁水溶液，参见第43页）。在任何情况下，最好避免使用大多数重金属，因为它们被认为是有毒的，并且在处理任何可能有毒的植物媒染剂时要采取安全预防措施。

矿物基媒染剂

如今，矿物基媒染剂往往是天然矿物的合成产物，但这至少意味着它们没有使用有限的资源。

我只使用铁和明矾（硫酸铝钾）作为矿物基媒染剂。最好避免使用任何被认为有毒的重金属（如铜或锡）。明矾被认为是无毒的轻金属，而铁被认为是一种少量使用才安全的重金属。如果使用得当，适量的明矾会完全吸收到纤维中，因此使用后，水中应该没有明矾会被冲进下水道。然而，你应该始终负责任地处理剩余的媒染剂（第20页）。

明矾可以与动物纤维和植物纤维一起使用，但它需要一种助剂来帮助纤维将其完全吸收。植物纤维的助剂采用苏打粉，动物纤维的助剂采用酒石。

动物纤维适用的媒染剂

植物基媒染剂

大黄叶

大黄叶是一种多年生植物，每年都可以再生，无须重新种植。虽然生叶含有大量有毒的草酸，但草酸受热会分解，因此在加热提取并用作媒染时是无毒的。使用后可以简单地将其埋入地下或放入堆肥。

当用作媒染剂时，大黄叶确实会在织物上留下米黄色，如果你想获得浅色调，这会影响染色效果。与使用矿物基媒染剂所呈现的颜色相比，使用大黄叶媒染剂后的颜色可能看起来有点暗淡，但仍然是美丽的颜色。

植物基媒染剂的用量配比

由于这种媒染剂是以大黄叶（草酸）为基础的，应在通风良好的地方使用，因为其烟雾有毒。靠近染锅工作时，请戴上手套、防尘口罩和护目镜。

纤维（经水洗、煮练和干燥）

大黄叶

天平

3个带盖的大锅

过滤器

长柄茶匙

中性皂

1.纤维经水洗、煮练和干燥后称重。大黄叶的用量应是纤维重量的两倍。例如，对于100克纤维，应使用200克大

黄叶。在开始制备媒染剂之前，应该称取纤维重量并计算大黄叶的正确用量。

2.将纤维放入一大锅水中，浸泡至少1小时，最好浸泡8~12小时或一夜，以便纤维浸湿。

3.将叶子洗净切碎后放入另一个大锅。这个锅应该足够大，使叶子完全浸没水中。

4.沸水覆盖所有叶子，盖上盖子，小火加热1小时。

5.1小时后，关火，让锅冷却。溶液冷却后，滤出植物材料，将液体保留在另一个带盖的大锅中。这个锅应该足够大，可以容纳你想要进行媒染的纤维，并且还需确保有足够的液体以便纤维自由摆动，可以与媒染剂充分接触。如果水不够，请加温水。

6.将浸湿的纤维加入媒染剂溶液中。慢慢加热溶液至沸腾，盖上盖子，小火加热1小时。

7.偶尔用长柄茶匙轻轻搅拌。一定要清除可能导致纤维浮在溶液表面的气泡，确保纤维与媒染剂充分接触。搅拌纤维也有助于其与媒染剂充分接触。

8.关火等待冷却。然后从溶液中取出纤维，轻轻拧出多余的液体。

9.用冷水冲洗纤维，用中性皂和冷水或温水清洗，然后再次冲洗，清除肥皂泡沫。

10.将潮湿状态的纤维放入染浴中。或者将纤维挂在温暖干燥的地方晾干，避免阳光直射，以备后用。

矿物基媒染剂
明矾和酒石

明矾（十二水硫酸铝钾）有助于提高纤维色牢度，因此纤维不太可能因光照和洗涤而褪色。且也有助于提亮色调。少量使用是安全无毒的，但不应吸入、摄入或接触皮肤，否则会引起刺激。你可以网上购买或从亚洲或南美食品店购买明矾。

重要的是根据纤维的重量确定明矾的准确用量，以便纤维完全吸收，而不会浪费。

酒石是一种合成化合物，被认为足够安全，可用作食品添加剂，还有助于纤维吸收明矾。

矿物基媒染剂的用量配比

矿物基媒染剂是以明矾和酒石为基础的。务必在通风良好的区域使用明矾，并戴上手套、防尘口罩和护目镜。

纤维（经清洗、煮练和干燥）

天平

明矾

酒石

2个带盖的大锅

量茶匙

耐热罐

长柄茶匙

小盖子或盘子（可选）

中性皂

1. 清洗、煮练和干燥后，称取纤维重量。明矾用量是纤维重量的8%，酒石的用量是纤维重量的7%。在开始制备媒染剂之前，应该称取纤维重量并计算明矾和酒石的正确用量。

2. 将纤维放入一大锅水中，浸泡至少1小时，最好浸泡8~12小时或一夜，以便纤维预浸湿。

3. 在锅中倒入室温水。这个锅应足够大，可以容纳你想要进行媒染的纤维，并且还需确保有足够的水以便纤维自由摆动。

4. 称取酒石倒入耐热罐中，加入足够沸水，搅拌至完全溶解。然后将其倒入锅中，用长柄茶匙搅拌混合。

5. 称取适量明矾倒入耐热罐中，加入足够沸水，搅拌至完全溶解。然后将其倒入锅中，再次用长柄茶匙搅拌混合。

6. 将预浸湿纤维添加到媒染剂溶液中。慢慢加热溶液至沸腾，盖上盖子，小火加热1小时。

7. 偶尔用长柄茶匙轻轻搅拌。一定要清除可能导致纤维浮在溶液表面的气泡，确保纤维与媒染剂充分接触。搅动纤维也有助于其与媒染剂充分接触。

8. 关火，让纤维在锅中冷却一夜。然后从锅中取出纤维，轻轻拧出多余的液体。

9. 用冷水冲洗纤维，用中性皂和冷水或温水清洗，然后再次冲洗，清除肥皂泡沫。

10. 将潮湿状态的纤维放入染浴中。或者将纤维挂在温暖干燥的地方晾干，避免阳光直射，以备后用。

植物纤维适用的媒染剂

植物基媒染剂

栎瘿

植物纤维媒染中简单一步染色法是使用从栎瘿中提取的单宁酸。栎瘿是当瘿蜂在树芽内产卵时形成的小球形生长物。树在卵周围生长组织，保护卵直到孵化成幼虫，留下一个逃生孔。在采摘时应寻找是否有这个洞，以确保你采摘的栎瘿里面没有生物。通常，夏末是采摘栎瘿的好时机，或者在秋天等树叶从树上落下，瘿瘤更容易被发现。你也可以轻松地在网上购买完整的栎瘿或栎瘿萃取粉末进行媒染。我个人使用的是萃取粉末。

由于单宁含量特别高，栎瘿是一种极好的植物纤维媒染剂。但请记住，它们会在织物上留下米色色调。

一步染色法中植物基媒染剂用量配比

这种媒染剂采用了栎瘿（单宁酸）。制作这种媒染剂时要戴上手套，避免刺激。

纤维（清洗、煮练和干燥）

天平

2个大锅

栎瘿萃取粉末

罐子

长柄茶匙

中性皂

1. 纤维经清洗、煮练和干燥后称重。每100克纤维需要1茶匙（tsp）栎瘿萃取粉末。在开始制备媒染剂之前，计算栎瘿粉末的正确用量。

2. 将纤维放入一大锅水中，浸泡至少1小时，最好浸泡8~12小时或一夜，以便纤维浸湿。

3. 同时，称取所需用量的栎瘿粉末放入罐子中，加入足够的热水制成糊状。再加入更多的热水搅拌成溶液，使粉末溶解在水中。

4. 加水到大锅中。这个锅应足够大，可使纤维完全浸没水中，并可以在锅中自由摆动。

5. 将栎瘿媒染剂溶液倒入锅中，用长柄茶匙搅拌。慢慢加热溶液至沸腾，小火加热1小时。关火，冷却至常温。

6. 从水中取出浸湿的纤维，轻轻拧出多余的水分。将纤维放入媒染剂溶液中浸泡8~12小时，不时进行搅拌，以便纤维充分吸收媒染剂。

7. 从溶液中取出纤维，轻轻拧出多余的液体。用温水或冷水冲洗纤维，然后用中性皂轻轻清洗，再用水冲洗掉肥皂泡沫。

8. 将潮湿状态的纤维放入染浴中。或者将纤维挂在温暖干燥的地方晾干，避免阳光直射，以备后用。

矿物基媒染剂

栎瘿加明矾和苏打粉

两步染色法是植物纤维获得饱和、深浓、持久染色效果的最有效方法。明矾和苏打粉一起使用有助于染料吸收，提亮颜色，并确保颜色持续更长时间。采用两步染色法，你需要先使用栎瘿媒染剂（第37页），然后进行第二次媒染。

苏打粉（碳酸钠）最初是从某些植物和海藻的灰烬中提取的，可以作为合成矿物使用，由石灰石和盐制成。苏打粉用途广泛，甚至可以用于烘焙，但在处理时应戴上护目镜、手套和防尘口罩，因为粉末可能会引起刺激。

有关明矾（硫酸铝钾）的更多信息，参见第35页。请注意，不得吸入或摄入明矾，或直接接触皮肤，否则会引起刺激。

两步染色法中矿物基媒染剂的用量配比

这种媒染剂采用了栎瘿（单宁酸）加上明矾和苏打粉。使用明矾和苏打粉媒染剂时，请始终在通风良好的区域工作，并戴上手套、防尘口罩和护目镜。

采用一步染色法的植物纤维（第37页）

明矾

耐热罐

苏打粉

天平

2个带盖的大锅

长柄茶匙

中性皂

1.纤维经清洗、煮练和干燥后称重。明矾用量是纤维重量的20%，苏打粉用量是纤维重量的6%。例如，100克纤维需要20克明矾和6克苏打粉。在开始制备媒染剂之前，应称取纤维重量，并计算出明矾和苏打粉的正确用量。

2.遵循一步染色法中植物基媒染剂的所有步骤。待纤维悬挂晾干后，就开始制作明矾媒染剂。

3.选择一个大锅。这个锅应足够大，可使纤维完全浸没水中，并还可以在锅中自由摆动。注入半锅水。

4.按上述比例，称取明矾，倒入耐热罐中，再加入足够的沸水使明矾溶解。然后将溶液倒入锅中。

5.按上述比例，称取苏打粉，倒入锅中。

6.慢慢加热至水沸腾，不时搅拌，使苏打粉完全溶解。加入更多水，并充分搅拌混合。

7.放入纤维，在一步媒染过程结束时纤维是浸湿的。如果媒染过程因故中断，纤维已经变干，则需将纤维放入一大锅水中，浸泡至少1小时，最好浸泡8~12小时或一夜。

8.慢慢加热至沸腾，关掉火，浸泡8小时，偶尔搅拌一下，使纤维充分吸收媒染剂。

9.从锅中取出纤维，轻轻拧出多余的液体。用温水或冷水冲洗纤维，用中性皂轻轻清洗，然后再次冲洗清除肥皂泡沫。

10.将潮湿状态的纤维放入染浴中。或者将纤维挂在温暖干燥的地方晾干，避免阳光直射，以备后用。

助剂

在使用媒染剂将纤维染色后，可以通过使用助剂改变成不同的色调，或者完全改变为不同的颜色，从而进一步扩展染料颜色的范围。

添加酸性或碱性助剂可以改变染浴的酸碱度。你可以在碗中加入助剂和水，将染色后的织物放入碗中。酸性助剂可以将颜色提亮为暖色调，而碱性助剂可以将颜色转变为绿色或粉色，或者使颜色变暗淡。

但并非所有染料都如此。有些染料和助剂会发生出乎意料的反应，产生令人惊讶的效果。

酸性助剂

酸性助剂倾向于将纤维颜色转变成暖色调，如黄色、橙色或红色。这些酸性助剂包括柠檬汁或清淡醋中的柠檬酸、蔓越莓汁、栎瘿中的单宁酸、大黄叶、酸模和酢浆草（叶、茎和根）中的草酸、酒石和酒石酸。

碱性助剂

碱性助剂将纤维颜色转变为绿色或粉色，或其他意想不到的色调，并使颜色更加暗淡。这些碱性助剂包括木灰、柿子汁、小苏打、白垩（碳酸钙）、石灰（氢氧化钙）、碱液（氢氧化钠）和苏打粉（碳酸钠）。可以使用铁来改变纤维颜色以获得黑色或深色色调，单靠染料很难达到这种颜色效果。

使用助剂方法

使用助剂有两种基本方法。

将助剂溶液直接加入染浴中

1.冷却染浴至室温。将所需量的助剂（通常为1~2茶匙或一满罐，或参见第42页的精确用量）直接混合到染浴中。染色后的纤维仍放在染浴中。

2.提起纤维，轻轻晃动，让助剂均匀渗透到纤维整个表面。有褶皱处应将其展开，清除可能导致浮在纤维表面的气泡。

3.静置几分钟，等待颜色发生变化。如果需要显著的颜色变化，请在助剂中浸泡更长时间。或重复上述步骤，加入更多的助剂溶液。

4.取出纤维，用中性皂清洗，漂干净，拧出多余的液体，然后悬挂晾干，避免阳光直射。

将染色后纤维放入单独的助剂溶液中

1.等待染浴和纤维冷却。在另一个碗里倒入冷水或温水。加入所需量的助剂（通常1~2茶匙或一满罐，或参见第42页的精确用量）。

2.从染浴中取出纤维，拧出多余的染料溶液，放入装有助剂溶液的碗中。提起纤维，轻轻晃动，让助剂均匀渗透到纤维整个表面。有褶皱处应将其展开，清除可能导致浮在纤维表面的气泡。

3.静置几分钟，等待颜色发生变化。如果需要显著的颜色变化，请在助剂中浸泡更长时间。或者，重复上述步骤，加入更多的助剂溶液。

4.取出纤维，用中性皂清洗，漂干净，拧出多余的液体，然后悬挂晾干，避免阳光直射。

加热

对于植物纤维，可以加热助剂溶液5~10分钟来加速这个过程。动物纤维使用酸性助剂也可以同样加热。但是，动物纤维对碱性助剂比较敏感，所以最好不要加热，以免造成损坏。

下页图中，这块布的中间呈现出真实染料颜色（酸模），上方是浸入碱性助剂（苏打粉）后的颜色，下方是浸入酸性助剂（醋）后的颜色

助剂用量配比

酸性助剂

有关如何使用这些助剂的说明，参见第40页。

柠檬汁或醋：每250克纤维使用1~2茶匙。

栎瘿中的单宁酸：参见第37页的用量说明。每250克纤维使用1~2茶匙溶液。

大黄叶、酸模或酢浆草叶、根或茎中的草酸：参见第34页的用量说明。每250克使用1~2茶匙溶液。

酒石：将半茶匙酒石稀释，制成溶液。每250克纤维使用1~2茶匙溶液。

酒石酸：将半茶匙酒石酸稀释，制成溶液。每250克纤维使用1~2茶匙溶液。

碱性助剂

木灰溶液

制作木灰溶液作为碱性助剂是件很容易的事情。

来自木材燃烧器、火坑或壁炉的木灰

2个塑料桶或容器

粗棉布（可选）

1. 取出冷却后的木灰，确保里面无异物。将木灰倒入塑料桶中，注入冷水。浸泡1个星期，或者浸泡至液体变黄变稠。

2. 将表面的一层液体倒入单独的桶中，留下底层沉淀物，或者将所有液体倒入粗棉布中进行过滤。

3. 将半杯或半果酱罐的木灰溶液倒入一碗清水中，确保有足够的液体，纤维可在碗中自由摆动。这样就制成了碱性助剂。使用这种方法，你只需将染色的纤维直接从染浴中取出，拧出多余的液体，然后加入木灰溶液中。

4. 或者，将纤维留在染浴中，等待染浴冷却。然后将半杯或半罐木灰溶液直接混合到染浴中。这足以给200~500克的纤维染色了。

5. 无论上述哪种做法，都需要浸泡纤维5~30分钟，直到呈现所需的颜色。提起纤维不断摆动，让纤维与助剂溶液充分接触。

6. 取出纤维并冲洗。用中性皂清洗干净，然后悬挂晾干。

铁（硫酸亚铁粉末）溶液

染色后，可以使用铁作为碱性助剂，产生更深的色调，有时甚至是黑色，还可以用作媒染剂，提高纤维色牢度。可以从网上购买铁粉。

使用铁粉时，请务必使用一套单独的工具，以免污染其他天然染料和染色织物。

铁粉具有腐蚀性，建议操作时戴上防尘口罩、手套和护目镜。

天平

铁粉（硫酸亚铁）

旧杯子或罐子

碗、茶匙和钳子

1. 称量干燥的纤维，并记录重量。然后将纤维放入一大锅水中，浸泡至少1小时，最好浸泡8~12小时或一夜。

2. 铁粉用量是干燥纤维重量的2%。

3. 将铁粉倒入旧杯子或罐子中，加入热水，搅拌至溶解。

4. 在碗中倒入足以浸没纤维的冷水或温水。加入一杯铁水溶液，搅拌均匀。

5. 将染色后的湿润纤维放入碗中，确保纤维完全浸没在溶液中，浸泡5~30分钟，直到呈现出足够深的色调，期间需不断搅动。

6. 取出纤维并冲洗。用中性皂清洗，漂干净，然后悬挂晾干。

自制铁溶液

可以使用下面的方法自制铁溶液。

生锈的钉子或其他生锈的小铁件

可密封的罐子或类似大小的锅

清亮醋

1. 将生锈的小铁件放入可密封的罐子中。倒入1份水和2份醋浸没小铁件。盖上盖子密封起来，保证不透气。

2. 第一天，将醋水倒入另一个罐子，但那个生锈的小铁件仍留在第一个罐子中，敞开罐子的顶部，暴露在空气中。

3. 第二天，将醋水再倒回装有生锈金属物件的罐子中。

4. 像这样持续1~2个星期，直到液体变成像铁锈一样的橙色。

5. 在一个大碗中，加入1份清水和1份含铁水溶液。确保有足够的液体能让染色纤维在碗中自由摆动。

6. 浸泡纤维5~30分钟，直到呈现足够深的颜色。提起纤维不断摆动，让纤维与助剂溶液充分接触。

7. 取出纤维并冲洗。用中性皂清洗干净，然后悬挂晾干。

工具

专用工具

染色用的大多数工具都是很常见的，在大多数家庭中都可以找到。但是，最好保留一套单独的锅、茶匙工具只用于染色。在处理铁时，这一点尤其重要，并且还要将染色工具分开存放，因为铁会改变染料的颜色。

非反应性工具

所有用于天然染料加工的工具都必须是非反应性的，这一点非常重要。不锈钢、耐热玻璃和陶瓷是最可靠的选择。铜、锡和铁等反应性物质会与染料发生反应，引起颜色变化。本书中列出的所有工具都是非反应性工具。

汽蒸设备

汽蒸染色纤维有助于固色（用于敲拓染、扎染、模版印花和筛网印花）。在纺织品设计工作室可以使用专业的织物蒸锅。蔬菜或米饭蒸笼也可以用，但不要和其他厨房设备混在一起。你也可以用不锈钢锅、盖子、筛子、漏茶匙或饼干冷却架制作一个临时蒸锅。你甚至可以用普通的蒸汽熨斗，但记得要使用压熨布保护纤维，以免烫坏。

一个天然染料工作室所需基础工具包括：

天然染料粉末、萃取粉末、木屑或其他新鲜或干燥的染料植物材料

媒染剂

助剂

染锅（大锅和平底锅）

大大小小的搅拌碗

长柄茶匙

汤匙、茶匙

量茶匙

耐热量壶

锋利的刀

钳子

筛子、过滤器

漏斗

研杵和研钵

搅拌机、食品加工机、咖啡研磨器

天平

计算器

热源（电热板、炉子）

熨斗

熨烫台面

密封罐

带盖的塑料储物桶

水桶和大塑料桶

气密或可密封的塑料盒和塑料袋

标签

钢笔、铅笔、尺子

清洁海绵和毛巾

中性皂

环保洗衣液或洗涤液

橡胶手套、防护手套

防尘面具

防护桌布

围裙

护目镜

园艺手套

剪刀/修枝剪

收集篮

染料的类型

　　并非所有的染料都以同样的方式与纤维结合，有些染料很容易固定在纤维上，具有良好的不褪色效果，但大多数需要媒染剂的帮助。

　　因此，除了选择合适的纤维，还应该考虑合适的染料。染料颜色这一章（第65页）列出了每种染料材料制成的染料类型。

间接染料

　　没有媒染剂的帮助，间接染料无法很好地固定在纤维上。当与媒染剂结合使用时，间接染料会更好地与纤维结合，产生持久的效果。这类间接染料包括蕨菜、胭脂虫和荨麻等。

直接染料

　　直接染料具有天然的固色特性，如单宁酸，它可以用作天然媒染剂，使染料固定在纤维上。你可以使用带有媒染剂的直接染料来改善染色效果。这类直接染料包括桉树和各种树皮，如橡树、苹果树和樱桃树。

还原染料

　　与其他染料不同，还原染料不溶于水。最明显的例子就是靛蓝，它在碱性环境中是可溶的，需要一个稍微复杂的工艺来获得美丽的色调，你可以在第110页至117页找到相关信息。靛蓝染料不需要媒染剂就能很好地固定在纤维上，产生不褪色的效果。

褪色染料

　　褪色染料不是真正意义上的染料。它们只是污渍，颜色会随着时间而褪袪、发生改变或变淡。褪色染料来自新鲜或干燥的植物材料，如花朵、甜菜根、姜黄或黑莓。褪色染料的染色效果非常短暂。

制作染浴

术语"染浴"用于描述使用染料制成的染料溶液或液体。它是悬浮在水中的萃取染料。

一般染浴制作技巧

染料材料数量

动物纤维比植物纤维更容易染上颜色，因此在给植物纤维染色时，染料用量要稍微多一点。

如果你不确定要用多少新鲜的染色植物材料，那就从1份植物材料和1份纤维的比例开始尝试吧。

每种染浴需要的染料材料略有不同。本书第65页关于染料颜色的章节中列出了一些指导原则。然而，染料的颜色深度和质量会因种植地点和时间、天气、气候、土壤类型、收获时间的不同而不同。因此很难预测或复制准确的颜色。

染浴制作方法

如果你不确定如何将染色植物材料制成染浴，请记住，如果在水中煮1小时，大多数材料会释放颜色。如果采用冷提取的方法，应将材料浸没在沸水中，静置片刻，然后加入足够的水，纤维可在其中自由摆动。然后放置数天或数个星期，或直到颜色变深。

向染浴中加水

用来制作染浴的水量不便量化，但只需保证纤维可在水中自动摆动即可。加水不会淡化染浴颜色。吸附在纤维上的染料是保持不变的。

一个总的指导方针就是，对于100克纤维，你需要在染浴中加入4~5升水。这样纤维可在水中自由摆动，与染料充分接触。如果染浴制备好后发现水量不够，再加水即可。

购买的材料

网上购买干燥的染色材料是很方便的，如木屑和刨花、染料粉末、萃取粉末、根、树皮、昆虫和花瓣。染料粉末只是将染料简单地研磨成粉末，而萃取粉末是由从原始染料材料中分离和提取的染料颗粒组成的，比标准染料粉末好得多。

染料粉末或萃取粉末

约1茶匙染料粉末或萃取粉末足以为约100克清洗、煮练和干燥后的动物或植物纤维进行染色。但这个用量配比也并非绝对。因为天然染色不是一门精确的科学，具体用量配比都是来自实践经验，实践中可以参考本书中给出的用量。

1.将粉末倒入小碗中，然后加入几滴热水制成糊状。搅拌均匀，加工成块状。然后慢慢往糊状物中加入更多的水直到成为液体。

2.将染料粉末完全混合在液体中，倒入染色用的大锅中。然后在锅中倒入几杯温水，搅拌均匀。

3.在锅中倒入足够的水，染浴就制成了。根据第58页、第59页的说明，选择染浴方法。

木屑和刨花

木屑的用量是经清洗、煮练和干燥后纤维重量的一半。也就是说，100克纤维需要50克木屑。

1.倒入开水，水量盖住木屑即可。然后添加足够的水，以保证纤维可在水中自由摆动。

2.小火加热1~2小时，然后静置一夜。

3.过滤并保留木屑以备将来使用。这样染浴就制成了。接下来，根据第58页、第59页的说明，选择染浴方法。

（上页图）从左上开始分别是：茜草粉和干燥的茜草根；调成糊状的茜草粉；加水后的茜草粉；茜草粉染浴

天然材料

用天然材料制作染料就像泡茶一样简单。你只需要将材料切成小块，然后浸泡在水中。你几乎可以从周围生长的任何东西中提取颜色。有些颜色可能比其他颜色更迷人，但每种颜色都有它的独特魅力。

如果你不能找到或种植新鲜的染色材料，也可以购买干燥的材料。但是，新鲜的材料通常会产生更好的效果。

叶子

染色效果好的叶子包括荨麻、蕨菜和橡树。

食物垃圾中的胡萝卜条和菠菜也可以用来染色。还有薄荷之类的香草。

尽量使用已经掉落在地上的叶子，但是新鲜的、干燥的或冰冻的叶子也都可以用来染色。

用量配比按照1份树叶和1份经清洗、煮练和干燥的动物纤维，或者2份树叶和1份经清洗、煮练和干燥的植物纤维。

1. 将叶子切成碎片，越小越好，这样会有更多色素溶解到水中。

2. 将树叶碎片放入染锅，倒入开水浸没所有碎片。静置片刻，然后将足够的温水注入染锅，注水量保证纤维可在水中自由摆动。

3. 浸泡1~3天，直到水变成深色，或加热30分钟左右。

4. 过滤掉树叶碎片，染浴就制成了。

鲜花

染色效果好的花朵包括蜀葵、金盏花和玫瑰。

用量配比按照1份花朵和1份经清洗、煮练和干燥的动物纤维，或者2份花朵和1份经清洗、煮练和干燥的植物纤维。

可以将花朵冷冻起来，再从中提取颜色。完整方法参见第103页的说明。或者将花朵作为捆扎染色工艺的一部分，完整方法参见第94页至第101页的说明。另外，还可以按照以下步骤操作。

1. 将花朵放入一碗温水中浸泡一夜，以保证纤维可以在水中自由摆动。

2. 第二天，小火加热混合物30分钟，等待冷却。

3. 过滤掉花朵后，染浴就制成了。

根

染色效果好的根包括蒲公英、酸模和茜草根，新鲜的或干燥的均可。

用量配比按照3份根和1份经清洗、煮练和干燥的动物纤维或植物纤维。

1. 如果使用新鲜的根，充分擦洗去除泥土。再切成小块，这样会有更多色素释放在染浴中。最后，倒入染锅。

2. 倒入开水浸没所有碎块。静置片刻，然后将足够的温水注入染锅，注水量保证纤维可在水中自由摆动。

3. 浸泡1~3个星期，直到水变成深色调，或加热1~2小时。

4. 过滤掉碎块，染浴就制成了。

坚果或树皮

染色效果好的坚果包括橡实壳、栗壳和核桃壳。染色效果最好的树皮包括苹果（或任何果树）树皮或橡树树皮。

用量配比按照3份坚果或树皮和1份经清洗、煮练和干燥的动物纤维或植物纤维。

1. 将坚果或树皮切成小块。不切也可以，直接倒入染锅。

2. 倒入开水浸没所有坚果或树皮。静置片刻，然后将足够的温水注入染锅，注水量保证纤维可在水中自由摆动。

3.浸泡1~3个星期。当呈现好看的颜色时，将坚果、树皮混合物小火加热1小时。或不要浸泡，直接加热1~2小时。

4.过滤掉坚果或树皮，染浴就制成了。

浆果

染色效果好的浆果包括黑莓、蓝莓和接骨木果。

用量配比按照1份浆果和1份经清洗、煮练和干燥的动物纤维或植物纤维。

1.在染锅中，用茶匙将浆果碾碎成浆。注入足够的温水，注水量保证纤维可在水中自由摆动。

2.盖上锅盖，小火加热浆果混合物1小时。

3.过滤液体。过滤时注意不要用茶匙挤压，防止浆果纤维通过筛子。染浴制成。

食物垃圾

上述方法中已经提到了某些食物垃圾。你可以尝试使用剩余的红酒，这是一种现成的染料。只需要在进行高温染色或低温染色之前，将纤维放入红酒中即可，参见第58页、第59页。

对于蔬果皮（如倭瓜、甜菜、南瓜、胡萝卜和茄子皮），参照第75页关于鳄梨染料用量即可。

茶叶或咖啡渣

1.用量配比按照1份染料和1份纤维。

2.倒入开水浸没所有茶叶或咖啡渣。静置片刻，然后将足够的水注入染锅，注水量保证纤维可在水中自由摆动。

3.浸泡1~3个星期，或小火加热30~60分钟。

4.过滤掉茶叶或咖啡渣，染浴就制成了。

用剪刀剪碎桉树叶

采摘桉树叶，浸泡在染锅中

染浴制作方法

染浴制成后，可用多种方法给纤维染色，主要是冷染色法和热染色法。在可能的情况下，我总是鼓励使用冷染工艺，因为它不需要能源。

动物纤维

动物纤维能很好很快地吸收染料，它们对热很敏感，所以采用冷染色法或在稍微加热的情况下能产生非常好的染色效果。丝绸可能会在高温下失去光泽，羊毛可能会收缩，只能采用小火加热，不要煮沸。相较于热染色法，使用冷染色法给动物纤维染色，染浴浓度比应该更高一些。

植物纤维

植物纤维并不能很好地吸收染料，但植物纤维比动物纤维坚固得多，所以热染色法是一个很好的选择。

关于动物纤维和植物纤维的更多信息，以及最佳的染色前制备活动，参见第23页纤维、媒染剂和助剂这一章的内容。

冷染色法

1.将预媒染和预浸湿纤维放入染浴中，使液体处于冷却状态或室温。

2.浸泡1~3个星期，每天检查直至达到所需的颜色深度。请记住，洗涤和干燥后颜色会变浅。

3.如果染浴仍有颜色，请将其保存好以备下次使用。你可以将染料保存在带盖的桶或密封玻璃罐中数个星期。如果出现霉菌，只需在染色前去除即可。或者，你可以将染料冷冻在塑料盒中。

4.将纤维浸入温水中，用中性皂清洗干净，然后悬挂晾干，避免阳光直射。

如果最后的染色效果不好，你可以将清洗后的纤维（潮湿的）放回染浴，然后用相反的热染色法。

热染色法

1.将预媒染和预浸湿纤维放入染浴中。慢慢加热染浴直至沸腾。

2.小火加热1小时，轻轻搅拌，让染料与纤维充分接触。有褶皱处应将其展开，清除可能导致浮在纤维表面的气泡。

3.将纤维浸入染浴，静置一夜，待冷却后颜色饱和。取出纤维，轻轻拧出多余的染液。

4.如果染浴仍有颜色，请将其保存好以备下次使用。你可以将染料保存在带盖的桶或密封玻璃罐中数个星期。如果出现霉菌，只需在染色前去除即可。或你可以将染料冷冻在塑料盒中。

5.将纤维浸入温水中，用中性皂清洗，漂洗干净，然后悬挂晾干，避免阳光直射。

太阳能染色

如果你住在炎热的地方，或者在温暖的季节，可以尝试利用太阳热能染色。使用带盖的深色玻璃罐，这样可以最好地吸收太阳的热量，也可以使用透明的玻璃罐。

1.将纤维放入罐中，注入染液，盖上盖子。

2.将罐子放在窗台上或阳光直射的室外。放置几天或几个星期，直到达到想要的颜色。

一体染色

这种方法将新鲜的染色植物材料（叶子、树皮、浆果等）与纤维结合在一起。

    1.将染色植物材料放入一个大锅中，注入开水浸没所有材料，浸泡1小时。注入更多温水，保证纤维可以在水中自由摆动。

    2.材料浸湿后，将其留在水中（不要过滤）。然后采用冷染色法或热染色法。

    3.有规律地轻轻搅拌，防止染料粘在纤维的特定区域，形成颜色更深的斑点。如果你正好想要获得特殊的图案效果，那就减少搅拌次数。

分层染色，加深颜色

    如果你已经对纤维进行了染色，但希望颜色更深，可以采取以下步骤：

    1.等待染浴冷却，然后从染浴中取出染色纤维。用中性皂清洗染色的纤维，然后用温水或冷水漂洗干净。

    2.将另1茶匙染料或萃取粉末加入浴液中，搅拌混合。如果你正在使用额外的染料植物材料，应先浸泡，再过滤。最后将仍然潮湿的纤维放回染浴，重复染色过程。

    通过多次重复染色过程，大多数纤维都能呈现更好的染色效果，所以最好像这样进行分层染色，直到达到所需的色调，而不是一次性过度浸泡。

    为了获得较深的色调，可以在纤维染色后进行第二次媒染剂处理，然后分层染色。

    1.用中性皂清洗染色纤维，然后用温水或冷水漂洗干净。

    2.在纤维仍然潮湿时，遵循相关的媒染步骤（第32页）。如果染色纤维已经变干，应在进行媒染步骤之前预浸湿（第30页）。

    3.将湿纤维放入染浴中，重复染色过程。

丝绸在茜草粉制成的染浴中染色

采用冷染色法，将丝绸浸入茜草染浴

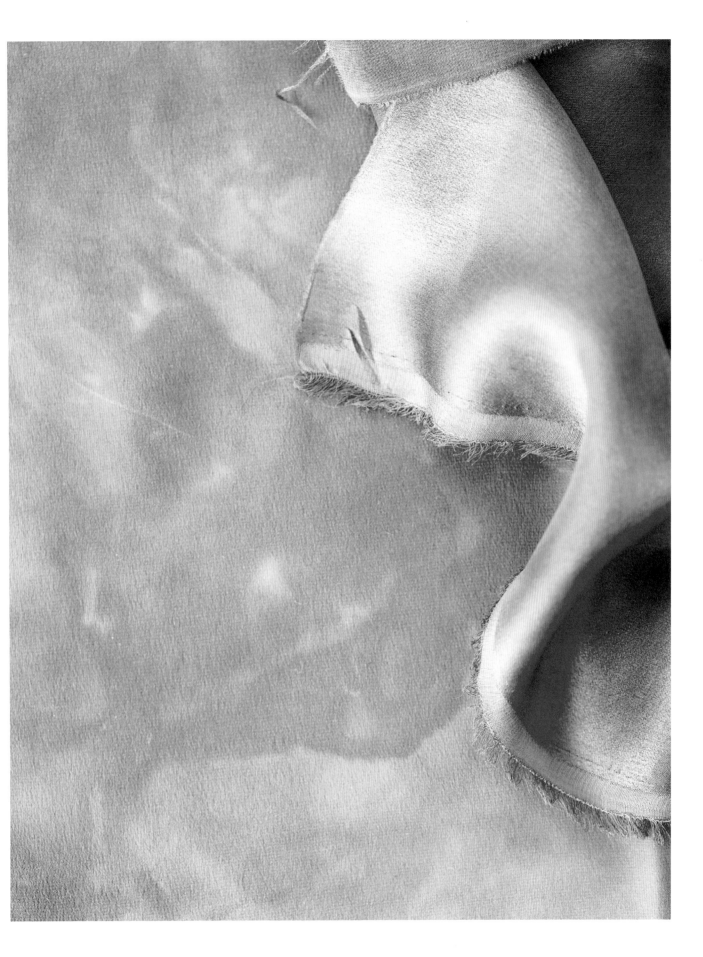

纱线和纸张

纱线染色

用纱线染色，需要将它缠绕成一束，以便更好吸收染料并保持一致的颜色。你可以使用风车式绞纱绕线机、手持工字撑线架、桌面绕线机等设备。或者简单地用椅背或前臂缠绕纱线。请确保彻底清洁所用工具，并松散地缠绕纱线，以便之后轻松地去除绞纱。解开绞纱后，用八字形扣件松散地绑在四个地方，这样纱线可以自由移动。然后，从绕线机上取下绞纱，务必正确完成所有步骤后再进行此步，防止纱线扭曲打结。

1. 水洗和煮练纱线（第30页），但注意不要过度小火加热，以免纤维收缩。

2. 用媒染剂处理纱线。你可以使用植物媒染剂制成深色纱线，或者使用矿物媒染剂制成明亮色调的纱线。有关说明，参见第32页至第38页。纱线可能漂浮在溶液中，应确保纱线浸没在溶液中与媒染剂充分接触。可以使用一个非反应性的盖子或盘子将纱线压住。

3. 将纱线放入一大锅水中，浸泡至少1小时，最好浸泡8~12小时或一夜。

4. 将预浸湿的纱线放入染浴中。染锅应足够大，以便纱线浸泡在溶液中，并避免纱线被压扁。如果需要，可以添加更多水。

5. 缓慢加热。对于动物纤维，避免从一个极端温度快速转到另一个极端温度，以免纤维受损。

6. 对于羊毛等动物纤维纱线，避免过度搅动纱线，否则会导致纱线毡化和起毛。只需将纱线在染浴中静置30分钟，然后将其翻转，再静置30分钟。

7. 如果你希望染色时间超过1小时，应将超出时间平均分配于各部位使用。这也有助于充分接触染料，因为一些纱线，尤其是羊毛制成的纱线，往往会漂浮到染锅表面。

8. 达到想要的颜色后，停止加热。将纱线留在染锅中冷却并浸泡一夜。

9. 从染锅中取出纱线后，可以用中性皂和温水清洗并漂干净。轻轻拧出多余的水分，然后悬挂晾干。

纸张染色

1. 在非反应性陶瓷或玻璃托盘或碟子中制备染浴。托盘或碟子应该足够大，可将纸张平放在其中。

2. 将纸张放入托盘，在染浴表面下稍加梳理，以吸收染料。不要让纸张长时间浸没在液体中，否则可能会导致纸张变质和破裂。

3. 如果没有浅托盘，也可以用大染锅将纸张垂直放入其中，几秒钟后再取出。

4. 用几个夹子或钉子将纸挂在绳子上晾干。

5. 在第一层颜色变干后，重复染色。这样可以加深颜色，且不损害纸张的完整性。

6. 也可以用宽而平的刷子将染料刷在纸上。刷一层染料后，悬挂晾干，然后再刷一层，以获得更深的色调。

下页图中，左边是未染色纱线；右边是采用洋葱皮染色后的纱线

	纤维	媒染纤维	苏木	胭脂虫	茜草	鳄梨	红脉酸模
大黄叶媒染的羊毛							
大黄叶媒染的丝绸							
明矾 + 酒石媒染的羊毛							
明矾 + 酒石媒染的丝绸							
栎瘿媒染的棉花							
栎瘿媒染的亚麻							
栎瘿、明矾 + 苏打粉媒染的棉布							
栎瘿、明矾 + 苏打粉媒染的亚麻							

苏木

苏木，也被称为印度红木，是一种小型多刺开花的豆科树木，原产于亚洲。

苏木具有药用价值，用于一种由生姜、肉桂和丁香制成的粉红色饮料中，并因其抗菌和抗过敏的特性而被长期使用。据说，苏木可以防止皮肤和关节感染以及食物中毒。

颜色

苏木的心材可以产生美丽的粉红色和桃红色，甚至明亮的红色和紫红色。它的色调比巴西木浅得多，但可惜的是苏木是一种濒危物种。

来源

可从亚洲种植园采购苏木染料，通常是染料粉末、萃取粉末或木屑的形式。

染料/媒染剂类型

间接染料。使用最适合纤维染色的媒染剂。

苏木的耐光性较差，不适用于暴露在阳光下的物品，如衣服。但是苏木的耐洗和耐摩擦度很好，能较好地保持颜色。

制作染浴

萃取粉末

纤维经过清洗、煮练和干燥后称重。如果需要红色，萃取粉末的用量是纤维重量的20%。例如，400克纤维使用80克萃取粉末。如果需要深红色，萃取粉末的用量是纤维重量的50%~100%。

了解如何制作萃取粉末染浴，参见第53页。

木屑

纤维经过清洗、煮练和干燥后称重。如果需要红色，木屑的用量是纤维重量的25%。例如，400克纤维使用100克木屑。如果需要淡红色，木屑的用量是纤维重量的10%。

将木屑放入染锅，向锅中加入足够的沸水，浸泡一夜。

第二天，再加一点水到锅中，煮2~3小时。静置一夜后再使用。

使用一块平纹细布进行过滤后，染浴就制成了。可以将木屑留着下次浸泡时使用。

染料粉末

纤维经过清洗、煮练和干燥后称重。染料粉末的用量与木屑相同（见上文）。

将粉末倒入小碗中。加入一点水，将粉末调成糊状。再加一点水，使糊状粉末成为溶液。然后将溶液倒入染锅。向锅中加入足够的沸水，浸泡一夜。

第二天，再加一点水到锅中，煮2~3小时。请静置一夜后再使用。

染色方法

适用热染色法，参见第58页、第59页，并遵循以下说明。

对于由萃取粉末制成的染浴，将纤维浸泡在染浴中小火加热60分钟，不时轻轻搅拌。静置一夜等待冷却。

对于用粉末或木屑制成的染浴，小火加热30~60分钟。

如果需要染成橙色，可以在染浴中加入白垩粉（碳酸钙），可以获得更好看的粉色或红色。每100克纤维添加1茶匙白垩粉。

第二次使用染浴可将另一种纤维染成桃红色，第三次使用则可以染成浅粉色。

助剂

苏木对酸碱度非常敏感。与酸发生反应后变成橙色，与碱发生反应后变成紫色。

胭脂虫

胭脂虫是一种同翅目昆虫，原产于南美洲和中美洲，后传入西班牙、北非和澳大利亚。据说，它是由阿兹特克人和玛雅人发现，一度被认为比黄金更珍贵。在各种古代玛雅人和阿兹特克人的金字塔墓穴中发现的一系列绘画和纺织品都是以胭脂虫红为特色，而阿兹特克女性会用胭脂虫压碎的尸体将牙齿染色，以显得更有吸引力。

胭脂虫以仙人掌为食，含有较高胭脂红酸，可以防御不喜欢酸味的潜在捕食者。雌虫和虫卵用于获得胭脂虫红色，它们的胭脂红酸含量高达体重的17%~24%，比雄性的胭脂红酸含量高得多。胭脂虫由人工单独收集，然后进行干燥和压碎。

颜色

使用胭脂虫可获得猩红色、橙红色和亮粉色。不同的干燥方法，可获得许多种不同颜色。这也是不同供应商的红色色调差异如此之大的原因。胭脂虫也可以与靛蓝套染获得美妙的不褪色紫色，或者用茜草染成更强烈的红色。

来源

可网上购买完整的干燥胭脂虫，或者胭脂虫染料粉末或萃取粉末。这些往往是从秘鲁进口的。

染料/媒染剂的类型

间接染料。使用矿物基媒染剂明矾和酒石来呈现深红色调（第35页）。

制作染浴

纤维经过清洗、煮练和干燥后称重。然后按照相对的正确用量。

染料粉末（或整个干燥的胭脂虫磨成粉末）

如果需要深红色，染料粉末的用量是纤维重量的20%~50%。例如，400克纤维需要使用80~200克染料粉末。大约5%会呈现出浓郁的粉色，大约1%会呈现浅粉色。

萃取粉末

如果需要深红色，萃取粉末的用量是纤维重量的4%。例如，400克纤维需要使用16克萃取粉末。

关于如何制作染料粉末和萃取粉末染浴，参见第53页，遵循步骤1~4。

制成染浴后，静置一夜。第二天，再加入一点水，小火加热15~20分钟，避免加热至沸腾。

使用完整的胭脂虫，可能需要用细筛或细布过滤。使用液体作为染浴。

染色方法

适用冷染色法或热染色法。参见第58页、第59页，并遵循以下说明。

最好使用软质水，因为硬质水中有较高含量的杂质，胭脂虫会与这些杂质结合，产生更浅的染色效果。所以如果你住在硬质水地区，应使用雨水或蒸馏水。

如果采用冷染色法，在染浴中浸泡一夜。如果采用热染色法，小火加热约40分钟。

从染浴中取出纤维后，先固化数天再进行清洗。

纤维染色完成后，你可以第二次或第三次使用染浴将另一种纤维染成浅粉色。

助剂

胭脂虫对酸碱度非常敏感。酸性助剂能将颜色变成橙色和红色。碱性助剂会将颜色变成紫红色和紫色。

茜草

茜草（Rubia tinctorum）原产于亚洲和欧洲。Rubia来自拉丁语单词ruber，意思是"红色"。茜草在古代文明和整个中世纪都被用作药用植物，现在仍被用于生命科学和中医中。据说，茜草有助于缓解血液失调疾病、黄疸、炎症、肾结石和痢疾，并能刺激月经。

人们很早就开始使用茜草作为染料了。古埃及人将用茜草染成红色的布埋葬了图坦卡蒙国王。在中国古代，茜草用作染料的历史可追溯到2000多年前的周朝。据记载，在18世纪，著名的英国红衫军就曾使用茜草制作染浴。直到1869年，科学家们成功地合成了茜草中的两种独立染料茜素和紫红素，后来发现蒽醌，可从煤焦油中合成红色素来代替茜草染料。从此才结束了人们广泛使用茜草的历史。

茜草是一种小型常绿多年生灌木，可长到1.2米高，开淡黄色的花。它喜欢生长在肥沃、深厚、排水良好的土壤中，因此在荒地和绿篱中长势很好。茜草一般于移栽后3年的秋季，待地上茎叶枯萎后采挖。高碱性土壤会促进根部产生更多的色素。常见的茜草包括普通茜草、野生茜草和印度茜草。所有这些茜草都可以用于天然染色，但印度茜草的颜色不那么浓烈。

颜色

茜草可产生一系列不同的红色，从橙红色到猩红色和砖红色。颜色效果主要取决于其生长和加工方式、土壤质量和根龄。另外还取决于染浴的用水量、水的类型（硬质水还是软质水）以及染浴的加热温度。

来源

你可以在网上购买茜草的干燥草根或染料粉末。茜草容易生长，可以使用新鲜或干燥的茜草。茜草草根呈红棕色，可长到1米，是用于染色的部分。如果使用新鲜的草根，需清洗晾干并固化几个月，然后磨成粉末。1千克的新鲜茜草才能产出约150克干燥茜草。

染料/媒染剂的类型

间接染料。染色前在纤维上使用矿物基媒染剂，使用铁水溶液进行后媒染色，可以获得紫红色（第42页、第43页）。将一罐铁水溶液加入4~5升染浴中。单独使用矿物基媒染剂会产生好看的红色，单独使用铁媒染剂可产生棕红色。总之，要使用最适合纤维的媒染剂。

制作染浴

干燥草根

纤维经过清洗、煮练和干燥后称重。如果需要深红色，干燥草根的用量是纤维重量的50%~100%。例如，400克纤维需要使用200~400克茜草根。如果需要浅红色，干燥草根的用量是纤维重量的20%。例如，400克纤维需要使用80克茜草根。

用杵臼或咖啡研磨器研磨。将磨碎的草根放入粗棉布中，用绳子系成一个茶包的样子，放入染锅中，在锅中注入足够的水。粗棉布会阻止较大颗粒逸出，这可能造成染色效果不一致。

静置24小时，或者小火加热1小时，取出茜草，液体可用作染浴。

染料粉末

纤维经过清洗、煮练和干燥后称重。染料粉末的用量与上述干燥草根的用量相同。

染料粉末染浴的制作方法参见第53页。

染色方法

茜草适用冷染色法、热染色法或一体染色法。参见第58页、第59页，并遵循以下说明。

如果你居住在软水地区，可能很难获得好看的红色。如果是这样，试着在染浴中加入白垩粉（碳酸钙），以产生更红的色调。每100克纤维中加入1茶匙白垩粉。或在稍低的温度下进行热染色。

如果使用热染色法，需加热30~60分钟。重点是不要让水沸腾。如果使用冷染色法，静置2天可以产生好看的红色，静置3~4天的话颜色会加深。

纤维染色后，可以第二次或第三次使用染浴将另一种纤维染成较浅的颜色。事实上，为了充分利用茜草染浴可以产生的多种色调，可以反复使用。

助剂

使用酸性助剂，颜色转向黄色和橙色。使用碱性助剂，颜色变得更浅或更红。

鳄梨

鳄梨属乔木，浆果有一个很大的果核。在古代玛雅文化中，鳄梨是具有神秘魔法和生育能力的果实，往往与治愈、爱和美丽联系在一起。人们认为鳄梨对女性的生育能力有强大的影响，以至于在收获季节年轻处女被禁止离开家庭。由于这些古老故事的持久影响，据说在19世纪曾有一场运动改变了人们对水果的文化态度，这场运动促进了鳄梨产业的发展。

鳄梨富含有益的维生素、矿物质和抗氧化剂，包括维生素C和维生素E。鳄梨有许多不同的种类，原产于热带地区。鳄梨树很可能起源于墨西哥，但现在分布在世界各地的热带和地中海地区。

通常进口的两种鳄梨是哈斯鳄梨和福尔特鳄梨。前者呈椭圆形，具有厚厚的深紫褐色果皮，后者具有更薄更光滑的绿色果皮。

将鳄梨果皮和果核用作染料材料，而不是直接扔进堆肥或垃圾箱，可以让它们获得第二次生命。并且，用于染色后的鳄梨果皮和果核仍含有营养物质，可放入堆肥。

颜色

鳄梨的果皮呈现出淡淡的灰红色，而果核呈现出略深的粉红色。

来源

鳄梨难以种植，因为它们更喜欢热带气候，并且至少需要3~4年才能开花结果。但幸运的是，超市里很容易买到鳄梨。各种鳄梨的果皮和果核都可以用来着色。与其丢弃它们，不如收集起来晾干或者装袋存放在冰箱冷冻室。或者，将它们浸泡在带盖的水桶中，待收集足够多的果皮和果核后制成染浴。

染料/媒染剂的类型

直接染料。由于天然的单宁含量，鳄梨不需要搭配媒染剂使用，但合适的媒染剂有助于加深颜色，增强染料的色牢度。

制作染浴

纤维经过清洗、煮练和干燥后称重。如果需要深粉色，果皮和（或）果核的用量是纤维重量的200%。例如，400克纤维需要使用800克鳄梨。

清洗果皮和（或）整个果核（不要压碎或切割果核），放入染锅，在锅中注入足够的温水，加热沸腾30~60分钟。

用细筛或平纹细布过滤，液体可用作染浴。

染色方法

适用冷染色法或热染色法。参见第58页、第59页。

助剂

酸性助剂可能会导致轻微的橙色调，而碱性助剂会使颜色偏向棕色。铁助剂甚至可以将色调转变为黑色。

酸模

酸模和酸叶草同属，即酸模属；与大黄同科。酸模属种类很多，很多都可以用来染色。

酸模最初是在北半球发现的，尽管现在许多物种已经被引进到世界各地。虽被认为是一种杂草，但酸模以其舒缓刺痛的能力而闻名。它生长在荒地、灌大树篱附近或在酸性或石灰性土壤中。酸模可长到大约1米高，叶片是革质叶片，呈红色或绿色。

有趣的是，酸模具有将金属铁转化为生物铁的化学能力。因此，如果你想使用天然的铁媒染剂，你可以把铁制品放在靠近酸模根部的土壤中。

颜色

酸模的收获时间会影响染色效果。我用九月收获的红脉酸模产生红棕色。在其他时间（或使用其他种类的酸模）可能会产生橄榄绿、橙色、棕色或黄色。

来源

酸模被认为是一种入侵物种，所以你可以在征得同意后帮助农民或园丁清除酸模，而你也获得了染色材料，这实在是一举两得的好事情。

酸模根部是最好的染色材料，冬天是收获酸模根部的最佳时间。要想在植物枯死后找到它，可以找酸模长而高的花茎或种子，根就在这个下面。降雨后，泥土湿润，更容易挖出根部。成熟酸模的根部颜色很深，你会惊讶地发现少量切碎的酸模根就能产生如此多的颜色。酸模种子也可以用于染色。

染料类型／媒染剂

直接染料。酸模不需要使用媒染剂将它的颜色固定在动物纤维上，但是给植物纤维染色时需使用媒染剂，否则颜色会很暗淡。酸模天然含有生物铁，会降低染料的颜色效果，因此要获得更亮的颜色，请使用矿物基媒染剂明矾和酒石（第35页）。如果使用植物媒染剂，如大黄叶或栎瘿，可以获得丰富而深沉的颜色。

制作染浴

新鲜酸模根

纤维经过清洗、煮练和干燥后称重。

如果需要深色调，酸模根的用量是纤维重量的300%。例如，400克纤维需要使用1200克酸模根。

仔细擦洗根部，去掉泥土，切成小块，这样表面积最大便于染料渗出。切块后放入染锅中，注入足够温水。

煮沸至少2小时。煮根茎时，会产生一种浓烈的泥土香味，有些人会不喜欢，所以最好选在通风良好的地方。

煮沸后，浸泡一夜。第二天，再次煮沸1小时，等待冷却。

通过细筛或平纹细布过滤，液体可用作染液。

染色方法

适用冷染色法、热染色法或一体染色法。参见第58页、第59页。

助剂

根据你使用的酸模种类，助剂仅能稍微改变颜色色调。碱性助剂，如铁，可以使颜色变得更深，从深棕色到灰色和黑色。

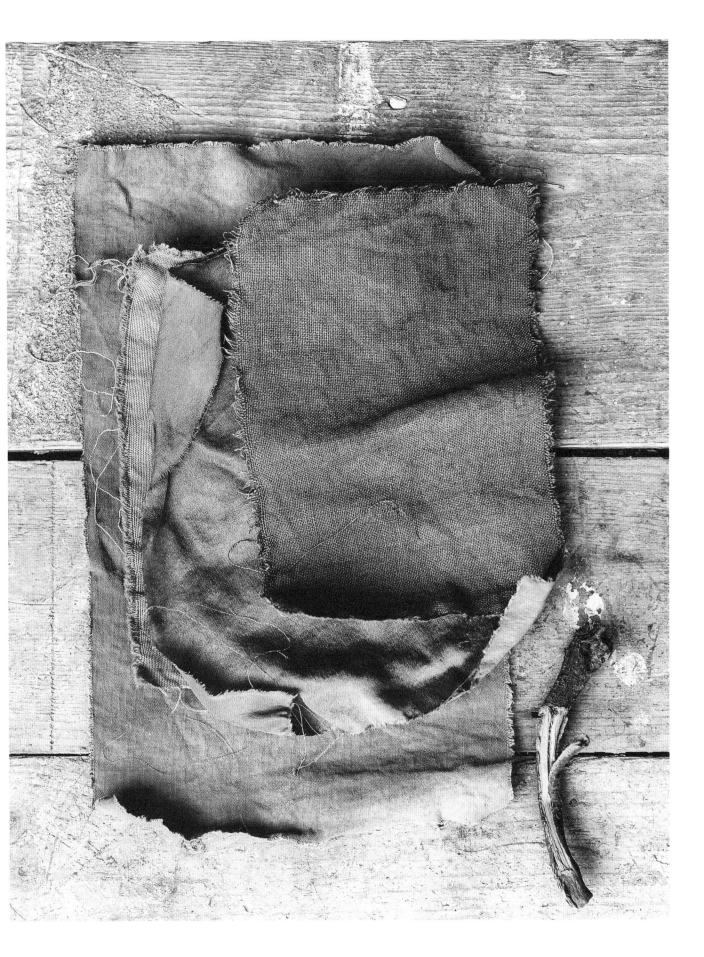

洋葱

洋葱是百合科葱属植物，广泛分布在每一个大陆，并且可能自文明时代以前就在各地疯狂生长。据说，古埃及人相信洋葱能够赋予人们力量，它的同心圆环象征着永恒。

在亚历山大，皇家军队希望靠吃洋葱增强活力，而罗马人则从这些金色的小球体中获得力量和勇气。古老的民间食谱中称，在耳朵中滴入洋葱汁液可以治疗耳痛，在前额放一块生洋葱可以减少偏头痛，在胸部敷一块用粗棉布裹着的洋葱可以消除咳嗽。据说，在一些农村地区，人们将洋葱穿成串挂在房子里，作为抵御疾病的神奇护身符。

棕色和红色洋葱是典型的家用染色剂选择：洋葱供应充足，可产生丰富的颜色。人们不费吹灰之力就获得很好的染色效果，因此，洋葱能够赢得人们的青睐也就不足为奇了。

颜色

棕色洋葱皮的染色溶液在不沸腾的情况下会产生美丽的黄色调，而在染色溶液沸腾的情况下可以提供丰富的焦橙色和铁锈色染料。上页图中的织物就使用了这种染料。红色洋葱皮会产生略微柔和的色调。棕色和红色洋葱皮一起使用时，会创造出一个充满活力的多维色调。

来源

洋葱可以大面积种植，大约需要3~4个月就可以收获。洋葱皮可以用来染色。烹饪时，将剥下的洋葱皮储存起来。如果你需要大量的洋葱皮，可以请蔬菜水果商将丢弃不要的洋葱给你，或者去咖啡馆或食品生产商那里放置一个垃圾袋。据统计，欧洲每年有超过50万吨的洋葱废料被丢弃。想象一下我们可以用这些洋葱制成多少染料？

将干燥的洋葱皮储存在纸袋、纸箱或类似容器中。记住，你需要的只是干燥的洋葱皮，而不是洋葱肉。储存前确认洋葱皮是否完全干燥，否则会腐烂变质发出臭味。

染料/媒染剂的类型

直接染料。洋葱不需要与媒染剂搭配使用，但是使用媒染剂可以加深颜色并增强染料的不褪色性。

制作染浴

纤维经过清洗、煮练和干燥后称重。如果需要深色调，洋葱皮的用量是纤维重量的50%。例如，400克纤维需要使用200克洋葱。

洋葱皮可以使纤维快速上色。无须切碎，只需将洋葱皮放入染锅中，倒入足够的水即可。

慢慢加热至沸腾，转加热30分钟。你会看到水的颜色很快加深。

过滤出洋葱皮，液体可用作染浴。

染色方法

适用热染色法。参见第58页、第59页，并遵循以下说明。

如果采用热染色法，需加热大约30分钟，或者直到产生你想要的颜色。

你可以第二次使用染浴来获得更浅的色调。

助剂

酸性助剂会使颜色转为橘黄色。碱性助剂会使颜色转为绿色。

桉树

桉树因其杯状芽而得名，源自希腊语 eucalyptos，意思是"覆盖良好"。澳大利亚原住民自古以来就使用桉树治疗发烧和各种疾病。从桉树叶子中提取出来的精油，具有可药用和抗菌特性，也是芳香疗法中最常用的精油之一。草药师经常使用这种精油帮助减轻充血和缓解咳嗽；通过蒸汽浴吸入精油，或者用于局部缓解肌肉和关节疼痛。

至于更多的精神作用，可以用桉树枝做一个可爱的涂抹棒来净化空间，为神圣的仪式和典礼做准备。或者，用于在争吵后消除误会也很有帮助！

你可以试着将未使用的桉树枝挂在淋浴间，来一次清爽的沐浴仪式体验。我喜欢用桉树装饰礼物、挂在墙上或插入花束中。

桉树有 400 多个品种，其中蓝桉是最常见的。即使在贫瘠的土壤条件下，蓝桉的生长速度也很快，14~16 年就可长成大树（而其他树木通常需要 60 年），是一种可再生木材。如果想自己种植，需要考虑的一点：蓝桉是入侵物种，会破坏植物多样性。

颜色

桉树树叶制成的染料颜色从深橙色到红棕色，树皮染料的颜色从浅粉色到米色。我用桉树树叶给下页图中的织物染色。

来源

你可以在一年中的任何时候采摘桉树树叶，但最好等叶子从树枝上掉落后收集起来。即使树叶颜色褪色了，仍可以用作染料，因为色素保留在树叶中。

染料/媒染剂的类型

直接染料。桉树的单宁含量丰富，因此不必使用媒染剂，但使用媒染剂可使颜色更持久、色调更广泛。

制作染浴

纤维经过清涤、煮练和干燥后称重。为了获得好看的深色调，桉树树叶或树皮的用量是纤维重量的 100%。例如，400 克的纤维需要使用 400 克的桉树。对于使用树皮的染浴，请遵循第 54 页、第 55 页中的说明。

对于使用树叶的染浴，可将树叶切碎，切得越小，表面积越大，树叶中的色素颜色可以很容易地提取到水中。

将切碎的叶子放入染锅中，倒入开水浸没碎叶。稍等片刻后再加满足够的温水。小火加热 2~3 小时。然后静置一夜。通过细筛或平纹细布过滤，液体可用作染浴。

染色方法

适用热染色法或一体染色法。参见第 58 页、第 59 页，并遵循以下说明。

如果采用热染色法，煮沸 2~3 小时（动物纤维则小火加热），然后静置一夜。

被过滤出来的叶子可以用于制作第二个染浴。

助剂

酸性助剂会产生粉红色调，而碱性助剂会使颜色变得更暗淡。

欧洲蕨

欧洲蕨是一种落叶蕨类植物，是已知最古老的蕨类植物之一，化石记录可以追溯到5500万年前。它曾被认为可以给拥有者带来永恒的青春和隐身的法术，正如莎士比亚在《亨利四世》中提到："我们有蕨类植物的种子，可以来无影去无踪。"

在许多亚洲文化中，人们食用被称为"蕨菜"的嫩芽。例如，韩国人喜欢将蕨菜加到传统石锅拌饭菜肴中。还有人将蕨根磨碎，制成淀粉面粉，用于制作面包或果冻。在古代，人们在药用饮料中同时加入叶和茎，在包括俄罗斯和挪威在内的许多国家和地区，它们仍然被用于传统的野生啤酒中。

但是，请注意，欧洲蕨的叶和根都含有有毒化合物，不应食用。如果经常吸入叶子下侧的孢子，可能会致癌。如果只是偶尔去有种植欧洲蕨的地方，不会造成高风险。

欧洲蕨通常高达2米，可以很容易地通过其巨大的三角形复叶辨认出来，生长在大多数大陆的沼泽地中。一些人认为它是一种入侵植物，因为它在陆地上迅速赶走了其他种类的沼泽地植物，而另一些人则欣赏它为林地不复存在的其他植物提供的树冠。值得注意的是，欧洲蕨高钾含量意味着它可以被用作宝贵的绿肥。

颜色

欧洲蕨有黄绿色、橄榄绿色和绿棕色。颜色因地而异，而且还取决于收获的时间。我随机混合了不同时间收获的欧洲蕨，获得了棕色、黄棕色、橄榄绿色和铜绿色。

来源

欧洲蕨在秋、冬季枯萎，可以在整个生长季节采摘欧洲蕨复叶。避免在夏末孢子释放时采摘叶子。

欧洲蕨复叶很坚韧，采摘时一定要戴上手套，用剪刀或割刀在叶子和茎干连接的结节处剪下叶子。

在收割之前，一定要询问土地所有者，并留意当地的农民，他们可能会在一年中的特定时间收割欧洲蕨，这是回收不需要的植物材料的好机会。

染料／媒染剂的类型

直接染料。最好使用媒染剂，以获得更深的色调和更持久的效果。

制作染浴

纤维经过清洗、煮练和干燥后称重。如果想要深色调，新鲜的羽毛状复叶的用量是纤维重量的100%。例如，400克纤维需要使用400克欧洲蕨。

了解如何用树叶制作染浴，参见第54页。

染色方法

适用热染色法。参见第58页、第59页。

助剂

酸性助剂会产生较浅的色调，而碱性助剂会产生丰富的深砖红色调。

荨麻是一种被低估的野生多年生植物，具有许多有用的品质，从为绳索提供坚韧的纤维，到其高营养价值。

人们认为荨麻曾经被用来标记仙女和其他魔法生物的住所。如果将荨麻叶子撒在家里，或者将干燥的叶子装入香囊带在身上，它们的保护能量可以用来驱散黑暗魔法，或者阻止淘气的灵魂造成伤害。

传统的草药师使用荨麻来治疗干草热、心脏病、高血压、关节炎、肾脏和膀胱问题，并帮助平衡血糖和皮质醇水平。

荨麻含有丰富的铁和维生素C，是饮食一个很好的补充，有助于增加矿物质的吸收。我喜欢收集荨麻做成汤或香蒜酱，尤其是在生长季节开始的时候。将干燥荨麻种子洒在食物上食用，可以补充矿物质和维生素。

颜色

早春收获的荨麻是黄绿色，夏末收获的荨麻是橄榄绿色，在更晚些的时候颜色会变得更深。荨麻生长的土壤、天气和气候都会影响它的颜色。荨麻根可以用作亮黄色的染料。

来源

收割荨麻时，请戴上手套。使用普通的家用剪刀剪下前两层叶子或前面长约15厘米的叶子。我通常是在叶子与茎连接的地方剪切，这样不影响新叶生长。

将树叶装进篮子后，稍微摇晃一下，放在地上约1小时，给藏在叶子里的小虫子一个逃生的机会。

染料类型/媒染剂

间接染料。使用最适合纤维染色的媒染剂。

制作染浴

纤维经过清洗、煮练和干燥后称重。新鲜叶子的用量是纤维重量的200%。例如，400克纤维需要使用800克荨麻。

了解如何用叶子制作染浴，参见第54页。

制成染料后再进行过滤，剩余的植物材料可以作为绿肥或堆肥，滋养花园的土壤。或者简单地浸泡在水中1~3个星期，过滤后作为花园植物的液体肥料。

染色方法

适用热染色法，参见第58页、第59页。

助剂

使用铁作为碱性助剂可获得较深的土绿色，酸性助剂可获得暖色。

荨麻

叶绿素

叶绿素这个名字来自古希腊语"chloros",是绿色的意思,"phyllon"是叶子的意思。叶绿素负责光合作用,将太阳光在植物细胞内转化为生物能量。

叶绿素是一种绿色色素,可从荨麻、苜蓿和薄荷等植物中提取,长期以来被用作伤口和烧伤的替代外用药物,在天然美容产品中用作除臭剂和皮肤保护剂。

叶绿素用作纺织品和工艺品染料的历史并不长,但已被家庭式染坊广泛使用,因为绿色历来是最难实现的颜色。以前,染色工人会在靛蓝(蓝色)上涂上淡黄木犀草(黄色),这样可以产生泥土绿色,而不是鲜艳和充满活力的叶绿素色素的颜色。

颜色

使用叶绿素可以产生多种绿色,从浅绿色到浓郁的深绿色。

来源

可以在网上购买叶绿素萃取粉末。

染料/媒染剂的类型

间接染料。与媒染剂一起使用,颜色会更持久。使用最适合纤维染色的媒染剂。

制作染浴

纤维经过清洗、煮练和干燥后称重。为了获得好看的绿色,叶绿素萃取粉末的用量是纤维重量的5%。例如,400克纤维需要使用20克叶绿素。

了解如何制作萃取粉末染浴,参见第53页。

染色方法

适用热染色法。参见第58页、第59页,并遵循以下说明。

为了获得更深的颜色,最好分层染色(第59页)。

染色后简单地再次对纤维进行媒染并返回染浴。这比在第一个染浴中添加更多的萃取粉更好。

助剂

叶绿素在酸碱助剂中的表现非常稳定,因此使用酸性或碱性助剂并个会发生明显的颜色变化。

淡黄木犀草

淡黄木犀草（Reseda luteola）是欧洲和亚洲的本土植物，但现在已分布到世界各地。"Reseda"意思是治疗者或修复者。在拉丁语中，它字面意思是"给予安慰"。淡黄木犀草具有麻醉作用，罗马人用它作为镇静剂和膏药，以及治疗咬伤、蜇伤和小伤口。

淡黄木犀草的黄色染料是目前世界上已知的最古老的染料之一，还有茜草和靛蓝。据说，古希腊人和罗马人使用这种染料为维斯塔处女的长袍染色。中世纪手稿中的彩色插图和维米尔的画作《戴珍珠耳环的少女》中也曾使用过这种黄色染料制作的墨水。

丰富的木犀草素赋予淡黄木犀草明亮的黄色。19世纪末至20世纪初煤焦油衍生染料发明，直到20世纪末，科学家经过反复研究，制成了人工合成黄色染料，淡黄木犀草才不再被广泛使用。

淡黄木犀草是两年生植物，可长到1.5米高，花朵为黄色。这些花散发出令人难以置信的甜蜜催情气味，深受蜜蜂、蝴蝶和其他昆虫的喜爱。干燥后的花朵可用于制作百花香，芳香油可制作香水以及照明用油。

颜色

淡黄木犀草呈亮黄色，通常用于对靛蓝染色后的纤维进行套染，得到美丽的祖母绿、叶绿色和蓝绿色，并以创造罗宾汉服装的林肯绿和另一种中世纪色调（即撒克逊绿）而闻名。它也可以用于对茜草染色的纤维进行套染产生橙色。

水的质量将在某种程度上决定染料颜色的结果，就像植物生长依靠土壤一样。

它可溶于热水和酒精，因此非常适合用作绘画墨水和染料（第148页）。

来源

淡黄木犀草的所有部分都可以用作染料，尤其是顶部。它的花期在六~八月。然而，大部分染料存在于种子中。可在夏末花朵开始枯萎时收集种子。

最好看的颜色来自开着黄色或绿色花朵和枝叶蔓生的植物。处理植物时需戴上手套，以避免对敏感皮肤造成潜在刺激。新鲜的或干燥的淡黄木犀草均可用于制作染料。你可以在线上购买干燥的淡黄木犀草。

染料/媒染剂的类型

直接染料。黄色往往褪色最快。但事实证明，淡黄木犀草比其他来源的黄色具有更好的色牢度。最好与媒染剂一起使用，这样可保持颜色的持久性。

制作染浴

干燥的淡黄木犀草

纤维经过清洗、煮练和干燥后称重。干燥淡黄木犀草的用量是纤维重量的50%。例如，400克纤维需要使用200克淡黄木犀草。

将淡黄木犀草撕开，放在温水中浸泡一夜。

第二天，切碎淡黄木犀草，加入足够的水，所有碎草浸没其中。用小火加热1小时。小心不要让液体沸腾，因为这将使淡黄木犀草颜色由亮变暗。

不时轻轻搅拌，以便充分提取植物各个部分的色素。之后，通过细筛或平纹细布过滤，剩下的液体可用作染浴。

新鲜的淡黄木犀草

纤维经过清洗、煮练和干燥后称重。新鲜淡黄木犀草的用量是纤维重量的50%。例如，400克纤维需要使用200克新鲜淡黄木犀草。

将叶子、花和茎切碎，加入足够的水。

用小火加热，盖上锅盖，然后再加热30分钟。小心不要让液体沸腾，因为这将使淡黄木犀草颜色由亮变暗。

过滤后，液体可作为染浴。

染色方法

适用热染色法。参见第58页、第59页，并遵循以下说明。

小火加热30~60分钟会变黄，大火加热同样的时间则会变成芥末色。

如果你发现很难达到明亮的浅黄色，试着在染浴中加入少量白垩粉（碳酸钙）。将纤维放入染浴中，每100克纤维加入约1茶匙白垩粉，搅拌均匀，然后再小火加热1小时。

另外，延长染色时间也可以改善颜色。

由于淡黄木犀草在热水中微溶，应始终仅在冷水中清洗染色后的纤维。

助剂

酸性和碱性助剂都有助于获得更亮的黄色。铁溶液助剂会使颜色转向苔藓绿或暗绿色。

洋苏木

洋苏木原产于墨西哥和中美洲，尤其集中在坎佩切湾，在1715年它被引入牙买加和其他各个加勒比岛屿。

洋苏木的树枝弯曲多刺，树皮颜色较深且纹理粗糙，花小呈黄色，偶数羽状复叶互生。

染色工人使用的部分是洋苏木的红色内部芯材。洋苏木的拉丁学名为Haematoxylum Campechianum，其中Haema来自希腊语haima，是血液的意思，xylon是木材的意思。从17世纪到19世纪，芯材被出口到欧洲，用作染料材料，尽管现在它的商业价值较低。但苏木精仍被广泛使用，科学家用它给植物和动物细胞进行染色观察。

颜色

洋苏木可制成柔和紫罗兰色、深紫色和蓝黑色的染料。紫色的深浅会有很大的不同，这取决于纤维、水和媒染剂的类型。加热时能产生紫色，否则会变黑。

来源

许多出口的洋苏木都来自不可持续的伐木业，因此，购买洋苏木时应谨慎，尽量选择经认证的、可持续获得原料的来源。

你可以使用洋苏木萃取粉末，也可以使用木屑，两者都可以在网上买到。

染料/媒染剂的类型

直接染料。最好将媒染剂与这种染料一起使用，因为它的色牢度不高。用作媒染剂的铁溶液更有助于持久保持颜色，并获得更深的蓝色和黑色。

制作染浴

洋苏木萃取粉末的染色效果非常好，因此只需非常少量的染料。

纤维经过清洗、煮练和干燥后称重。洋苏木萃取粉末的用量是纤维重量的2%。例如，400克纤维需要使用8克粉末。如果使用干燥的碎片染料，则其用量是纤维重量的30%。

对于较浅的色调，你可以使用较少的染料，但是如果你想要较深的颜色，最好对纤维进行分层染色以增强染色效果（第59页）。

关于如何制作萃取粉末或木屑染浴，参见第53页。

染色方法

适用热染色法。参见第58页、第59页，并遵循以下说明。

将染浴小火加热45分钟至1小时，静置一夜。

你可以将剩余的材料晾干，以备将来使用。

请注意，洋苏木对酸碱度特别敏感，并不适合给所有纤维染色。如果给衣服染色，它可不是最佳的选择，相信你也不愿意穿上点缀有沙拉酱的衣服！

助剂

因为洋苏木对酸碱度非常敏感，在酸性助剂的作用下，它会从浅紫色变成棕色，在碱性助剂的作用下，它会变成深紫色。铁助剂能使其产生好看的蓝黑色。

捆扎染色

捆扎染色，也称生态印染，是由澳大利亚纺织艺术家尹杜·弗林特开发研制的工艺。孩童时，她就很喜欢拉脱维亚的传统艺术，包括用洋葱皮给复活节彩蛋染色，用树叶和香草在彩蛋上压印图案。成年后，她将这一概念应用到织物上。

这个奇妙的工艺直接将鲜花、树叶和其他植物材料的植物色素染到织物或纸上，形成版画，跳过了提取染料或使用染浴等步骤。

对折后的织物捆扎染色后成为对称的图案纹样。染色效果是不可预测的，你只需用正念和直觉来引导你的创作旅程。

花朵一开始颜色鲜艳明亮，但在干燥、清洗或枯萎后往往会褪色。你会发现有些植物比其他植物更不易褪色。我建议你们最好去当地的植物园等地方实地观察，去发现你自己的调色板并了解哪些是你最喜欢的植物以及它们的颜色、形状、色牢度或其他草本特征。

所需材料和工具

织物（经水洗、煮练和媒染预处理）

装在喷雾瓶中的透明或浅色的醋

植物材料（新鲜花瓣、叶子、茎、浆果等）

染料粉末或萃取粉末（可选）

干花（可选）

细绳或橡皮筋

蒸染设备（用于热染色）

钳子

带盖玻璃罐或塑料袋（用于冷染色）

植物材料

各种各样的鲜花、干花和植物可以用于捆扎染色。我喜欢用浓郁的深色花朵，尤其是堇菜、翠雀、鸢尾、天竺葵、矮牵牛、黑紫色蜀葵、暗红色玫瑰、矢车菊、金盏花、西番莲、石楠、菊花和天竺葵。你也可以使用其他植物部分，如浆果、叶子、根和种子，甚至食物上不可食用的部分，如洋葱皮。

我真的很喜欢在一年中的不同时间，搜寻我周围的东西，打造季节性的印花。这样衣服上留下的不仅有漂亮的颜色，连同彼时的季节，还有那一朵朵花、一片片叶的盎然寄语。

大多数天然染料和萃取粉末只需少量喷洒在织物表面就能很好地发挥作用。

织物

这项工艺特别适用于丝绸（动物纤维）。丝绸能很好地吸收植物色素，也能持久持色。尽管任何一种由动物纤维紧密编织的织物都是适用的，但我建议你从使用有机的、柔软的、紧密编织的丝绸开始，如电力纺、绸缎或双绉。你也可以使用植物纤维，如大麻或亚麻，但它们需要较长的媒染和染色过程。

媒染剂

丝绸不一定需要媒染剂，但是如果你打算用这种织物做一件经常穿着的衣服，或者穿着时会暴露在大量的阳光下，建议还是需要使用媒染剂。

使用矿物基媒染剂，如明矾和酒石（第35页）将有助于提亮颜色和持久持色。我也喜欢使用大黄叶媒染剂，因为它能给成品带来美丽柔和的色调。印花织物做成的衣服穿起来也很好看。

助剂

铁助剂可以淡化颜色，给成品一种忧郁的蓝色调（参见第174页捆扎染色的丝巾）。

步骤

1.确保织物经过清洗、煮练和媒染。媒染过程中使用湿润的织物。如果织物已经变干，先预浸湿（第30页），这有助于色素很好地穿透织物。

2.将整块织物摊开在你面前的桌子上。如果空间有限，你可以一次只处理一部分。

3.使用喷雾瓶对着织物喷醋，不要漏掉任何一个地方。醋是酸性的，有助于提亮颜色。我用的是本地的有机苹果醋。其实，只需避开颜色较深的醋就没问题。因为颜色较深的醋提亮颜色的效果没那么好。

4.按照你的想法将植物材料撒在织物上，可以弄碎花瓣和叶子，也可以是完整的。这种时候，我往往相当随意，将美丽的花朵和树叶随意混合也是一种享受！有些人喜欢用花朵和树叶摆出好看的造型，但最后的结果往往不尽如人意。其实，捆扎染色完成后，打开捆绑包的时候总是会有惊喜，要想控制最后的染色效果真的不太可能。最好的办法就是多次尝试。尝试将植物材料摆出各种不同的形状。

5.最好在材料之间留一点空白，而不是完全覆盖织物表面。但是在织物的边缘，一定要撒上植物材料，否则就会留下空的边框。染料粉末或萃取粉末也可以使用。

6.将植物材料散布在整个织物上面后，再次喷洒醋。然后就可以将织物捆绑起来了。你可以尝试各种各样的方法，但是我更喜欢以下两种捆绑方式。

在织物上喷醋；将植物材料散布在织物上

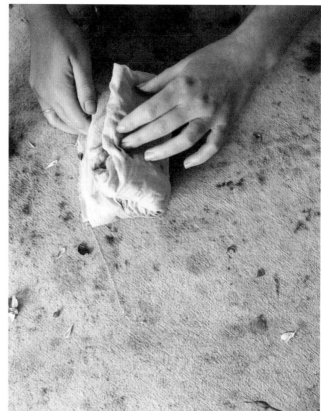

手风琴式折叠

1. 将布料折叠成手风琴的形状，创造出有趣的对称重复图形。要做到这点，要像用一张纸做一把扇子一样来回折叠布料，直到呈现一个狭窄长度的布条。

2. 沿长度方向，再折叠成手风琴形状，最后织物变成一个小方块。将小方块捆扎起来。

3. 或者，将织物一次又一次地对折，直到不能折叠得更小为止。可在每个折叠的地方添加更多花瓣。请记得，在每一个新的折叠处喷上一点醋。

4. 折叠好后，用细绳或橡皮筋捆紧。这样织物和植物材料尽可能紧密地压在一起，便于染液充分渗透。

卷制

1. 从织物的一端开始，将它卷成香肠形状，里面放入植物材料，并尽可能卷紧一点。

2. 然后卷成一个螺旋形状。或者，先折叠再卷起来。其实没有固定的做法，可以进行多种尝试。

3. 折叠好后，用细绳或橡皮筋捆紧。这样织物和植物材料尽可能紧密地压在一起，便于染液充分渗透。

冷染色法

将捆绑好的织物放入带盖的玻璃罐中，或用塑料袋扎紧封闭，然后放置至少一个星期，或者更久的时间。如果开始出现霉菌，将织物从罐子或袋子中取出，放入冰箱，或者蒸30分钟。然后放回罐子或袋子里。

热染色法

热蒸可以加快染色过程。关于热蒸的说明，参见第46页。如果总共蒸1小时，则每15分钟翻动一次。然后关火，让它冷却。

堆肥染色法

我比较喜欢用零能量的方法进行扎染。用一块保护布或一个袋子将织物包起来。在堆肥中挖一个洞，然后将包好的织物放入洞中，并用更多的堆肥覆盖。在堆肥所产生热量的作用下，天然酸可将植物的颜色变成非常有趣的色调，静置几个星期或几个月或直到你记起来的时候再回来看。如果开始出现霉菌，采取冷染色法的处理措施补救，然后将织物再放回堆肥。

太阳能染色法

这是另一个伟大的低能量技术应用。将捆扎好的织物放入带盖的密封玻璃罐中，在窗台上放置几个星期，享受阳光照射。

染色后的处理

1. 完成染色过程后，在室外打开捆扎的织物，这样可以抖落植物材料。

2. 将织物悬挂在阴凉处，避免阳光直射。干燥后，去除粘在织物上的植物材料。

3. 使用蒸汽熨斗和压熨布对其进行熨烫。

4. 我发现，如果将染过色的织物放置几个星期，避免阳光直射，这个固化过程确实有助于持色。但你可能会发现，有些颜色是易变的，会随时间发生变化，而另一些颜色则更可靠，会长久保持不变。无论如何，在清洗之前，固化时间越长，持色越久。

5. 固化后，可以用冷水或温水以及温和的中性皂手洗织物。

（上页图）从左上角开始：手风琴式折叠；折叠织物；卷起织物；最终卷好和折叠好的捆扎包

将织物折叠成手风琴形状后的捆扎染色效果

将织物卷成香肠形状后的捆扎染色效果

冰花染色

从花朵中提取颜色是比较困难的。你可能会发现，将娇嫩的花瓣加热会破坏它们明亮的色调。使用冷提取技术可能会更成功。将花朵冷冻后，温度的下降会导致植物细胞自然分解，使颜色更容易进入染浴。

这并不是一个非常快速的染色方法，但它是很有趣的，为了打造出色彩层次感，可以进行套染。当染过色的织物褪色时，套染可以让织物焕然一新。

由此，家里或花园里用过的花或花店里废弃的花朵可以获得第二次生命。花朵即便已经枯萎或者稍微过了最佳状态，仍然可以用来上色。

所需材料和工具

植物材料（鲜花和花瓣）

网袋或旧紧身裤（可选）

细绳

冷冻袋或密封容器

锅或碗

织物（水洗、煮练、媒染和预浸湿）

过滤器

压熨布

蒸汽熨斗

中性皂

植物材料
尝试深色的花朵，如矮牵牛和飞燕草，或者红玫瑰和蜀葵。

织物
这种技术在丝绸（动物纤维）上效果最好，因为它容易吸收颜色并很好地保持颜色。

媒染剂
对于丝绸，使用矿物基媒染剂明矾和酒石（第35页）来提亮颜色。

步骤
1. 将鲜花和花瓣放入网袋或用细绳系住的旧紧身裤中，然后一起装入冷藏袋或密闭容器中，并在冰箱中放置至少24小时。

2. 当你准备好制作染料时，用一个非反应性的锅或碗装满温水。

3. 将冷冻花朵从冰箱中取出，并立即浸入温水中。

4. 挤压花朵，帮助色素溶于水中，可以反复多次挤压，直到水变成足够深的颜色。

5. 让花放置在水中一天或更长时间，花瓣中的色素将继续溶于水中。或者，慢慢加热染浴，加快染料提取。大约加热30分钟，或者直到水变成足够深的颜色。

6. 过滤掉植物材料。为了检查颜色是否足够深，请将茶匙浸入碗中。如果不能看到茶匙，说明颜色确实足够深。

7. 将织物加入染浴中，使用冷染色法或热染色法（参见第58页、第59页）并遵循以下说明。

8. 如果采用冷染色法，只需将织物放在碗中，直到获得所需的颜色。如果采用热染色方法，小火加热约30分钟，或者直到织物达到足够深的色调。

9. 染色后，取出织物，悬挂在温暖干燥且避开阳光直射的地方风干，放置几天或几个星期后颜色固化。放置时间越长越好。

10. 盖上压熨布后熨烫。然后用中性皂清洗，用冷水或温水漂净，挂在外面晾干。

敲拓染印染术

敲拓染（Hapazome）是一种印刷技术。只需一个木槌，就可以让你非常快速地创造出不同寻常的图案和颜色。因为它经常使用不稳定的植物颜色，适用于对色牢度要求不高的情况，例如，制作一张漂亮的礼品卡。既然包装纸的寿命如此短暂，为什么不使用未漂白的再生纸和当地的植物颜色来实现生物降解呢？

我建议先在布片或纸片上尝试这种技术，通过反复尝试，了解最佳压力和锤击数量。锤击次数太多，会导致植物材料变成纸浆，粘在布片或纸片上。

所需材料和工具

植物材料（新鲜花瓣和叶子）

卡片或纸张，以保护印刷材料

用于印刷的织物（水洗、煮练和媒染）或再生纸

橡皮锤

蒸汽熨斗

压熨布

植物材料

我最喜欢形状优雅的日本枫叶和罗伯特氏老鹳草、堇菜和三叶草。许多花会提供令人兴奋的明亮颜色，如洋红色和紫罗兰色，但这些颜色会随时间发生变化。例如，锦葵花会呈现出柔和的紫粉色，这种紫粉色会在几周内消失。一些常见的野生的花瓣和花蕾可以长久保持颜色，包括玫瑰、矢车菊、醉鱼草、金盏花、洋甘菊、雏菊、石楠、蜀葵、菊花、矮牵牛和天竺葵。我还尝试使用其他植物材料，如浆果、根、叶，甚至是废弃的食物，如洋葱皮、胡萝卜头、紫甘蓝、羽衣甘蓝或甜菜叶。

织物

我这次使用了一种柔软的绸缎（动物纤维），因为它很容易上色。电力纺或双绉等丝绸也易于上色。精细编织的亚麻布或白棉布等植物纤维的染色效果也不错。

媒染剂

丝绸可使用明矾和酒石等矿物基媒染剂，参见第35页。亚麻布或白棉布，使用含有明矾和苏打粉加栎瘿的矿物基媒染剂两步染色法，参见第38页。但是后者的染色效果没有那么明亮。

步骤

1. 准备花朵和叶子时，从根部剪下茎，用压花机按压或将它们放在两本厚书之间按压，保证花朵和叶子相对平整。

2. 要在坚硬的平面上按压，如石头地板。铺上一些卡片或纸，保护织物表面。

3. 将织物或纸张摊平放在平面上，并在上面铺设一层植物材料。为达到镜像对称的效果，可将织物或纸张对折，如果不需要，可在植物材料上盖一些碎布或一张纸。

4. 用橡皮锤轻轻敲击表面，会看到颜色渗出，持续敲击直到你觉得全部色素都已渗出。轻轻抖掉植物材料，或将植物材料从织物上剥下来。

5. 悬挂晾干织物，避免阳光直射。通常，洗涤前让布料固化的时间越长，颜色就越丰富。

6. 这不是最持久的印染技术，所以还需进行染后处理。可在清洗前用熨斗对织物进行蒸汽熨烫。熨烫之前，记得铺上压熨布。用中性皂在冷水中清洗织物，然后风干，这样可长久持色。

丝绸上的矢车菊、三色堇和日本枫叶

靛蓝还原染色

靛蓝是一种还原染料，与其他天然染料不同，它不溶于水。相反，它在碱性环境中是可溶的。

从植物中提取靛蓝色素需要复杂的发酵过程，属于劳动和时间密集型的工作。

它必须以无色的"尿蓝母"状态从水中提取，并且发酵，最后与石灰混合并压成蛋糕块状。

人们使用发酵还原工艺可以追溯到数百年前，这项技术已经非常成熟。制备还原染料需要至少十天的时间。待制备好后，需要经验丰富的染色工保持它的平衡和可染色状态。任何不正常现象都会导致染缸失衡，白耽误染色工好几天的工夫。

值得庆幸的是，法国化学家、天然染料师米歇尔·加西亚发明了一种简化的方法，只需熟石灰、果糖和靛蓝这3种天然成分。这种方法已经被世界各地的染色工所采用，还在此基础上做了一些改进。

靛蓝有着悠久的历史。这个名字可能来自印度的印度河流域，世界上最古老的文明发源地之一。希腊语indikon的字面意思是"印度染料"或"印度"，后来在英语中变成了"靛蓝"的意思。靛蓝是最古老和罕见的天然染料颜色之一，根据来自美索不达米亚的一块写满楔形文字石板上的记载，公元前600年人们就开始使用靛蓝染色，记载的内容还包括分层蓝色染料的配比。古埃及人和罗马人用它作为色素，用来制作颜料、药物和化妆品，中世纪手稿中的彩色插图以及16世纪末至17世纪初鲁本斯等艺术家的画作中都用到了靛蓝。

印度是最早的天然靛蓝生产中心，在200多种含靛蓝的植物中，约有50种生长在印度。从这里，它以压缩成小圆饼的形式出口，在公元300~400年，希腊人和罗马人认为这是珍贵的矿物。

直到13世纪，马可·波罗在航行到亚洲后，得知靛蓝实际上是一种植物产品。在19世纪，靛蓝被称为"蓝色黄金"，是理想的贸易商品，经得起长途运输，寿命长，体积小，价值高且稀有。

靛蓝是商业上最常用的染料之一。日本靛蓝是另一个受欢迎的品种。在南美洲和中美洲，人们常用假靛蓝。而在欧洲，人们常用本土物种菘蓝。菘蓝虽然颜色略显苍白，却是野生的。

菘蓝的靛蓝浓度较低，因此当大量进口靛蓝开始从印度抵达时，当地菘蓝受到威胁。有的国家在整个16世纪至17世纪初制定了严厉的规则，禁止使用亚洲靛蓝，并称其为"魔鬼染料"和"虚假而有害的印度药品"。不过，靛蓝确实有一段黑暗的历史：东印度公司操纵印度农民将他们的土地从种植社区依赖的粮食作物转向种植有价值的靛蓝作物以供出口。但是农民只得到靛蓝市场价值的2.5%，因此很快就负债累累。这导致了1859年的大规模"靛蓝起义"，许多农民被屠杀。

19世纪蓬勃发展的时装业和工业革命，以及李维斯品牌牛仔裤的流行，需要大量的蓝染布。这促使德国化学家阿道夫·冯·贝耶尔（Adolf Von Baeyer）在19世纪80年代研制出靛蓝的合成替代品。自此，天然靛蓝和菘蓝产业都崩溃了。如今，只有一些小规模的天然靛蓝种植业存在，为染色工匠提供天然染料。

所需材料和工具

橡胶手套、面罩和护目镜

靛蓝

熟石灰（氢氧化钙）

果糖

天平或量茶匙

大碗

杯子或旧罐子

量杯

热源

锅里的盆式碗

温度计

长柄茶匙

染缸（染锅）

中性皂

靛蓝

使用粉末状靛蓝时，请记住它是一种珍贵的染料材料，极其珍贵和稀有。因此，染色过程中要特别小心，避免浪费。

可以在网上购买靛蓝，搜索有机种植和加工的品种。靛蓝是深蓝色粉末，价格昂贵。你可以参考下面这个用量比。对于800克经清洗、煮练和干燥的织物，如果需要染成深蓝色，大概需要25克靛蓝粉末、50克熟石灰和75克果糖。

熟石灰和果糖

我使用熟石灰（氢氧化钙）来制作碱性溶液。熟石灰是将石灰或生石灰（氧化钙）与水混合"熟化"而成的。它有许多名称，包括熟石灰、苛性石灰、建筑石灰、生石灰或酸洗石灰。你可以从建材批发商或一些DIY商店买到。

熟石灰必须进行还原，用果糖（一种糖）从溶液中去除多余的氧气。你可以在食品店或超市买到果糖（晶体形式）。

织物

我使用了100%有机和天然的棉花（植物纤维）。你可以使用任何轻质或中等重量的植物纤维。

媒染剂

靛蓝不需要媒染剂，与大多数其他类型的染料相比，它更省时间、能源和水。

安全性

熟石灰（氢氧化钙）是一种强碱性物质，长时间接触可能导致严重的皮肤刺激、化学烧伤、失明或肺损伤。在制备和使用染料时，请务必遵守以下安全说明。

避免其长时间接触皮肤，避免溅入眼睛或吞咽。应戴上厚厚的防水手套保护双手，戴上护目镜遮住眼睛。

处理粉末时，小心避免吸入粉尘颗粒。应佩戴防尘门罩，在通风良好的区域工作。将所有原料储存在有明确标记名称的容器中，远离儿童和宠物。

请非常负责任地处理用过的溶液，用大量水稀释后倒入荒地（最好事先询问土地所有者）或冲入污水系统。

制备还原染料

1.使用量茶匙或天平称取所需量的靛蓝粉,比例为1份靛蓝、2份熟石灰(氢氧化钙)和3份果糖。例如,要将500克重的织物染成中到深蓝色,你需要25克靛蓝、50克熟石灰和75克果糖。

2.使用不锈钢制搅拌碗或其他非反应性容器,将少量温水和靛蓝粉末混合成糊状。

3.使用马克杯或旧罐子,倒入1~2杯温水(43~50℃),搅拌均匀。一点一点加入果糖,搅拌至溶解。

4.慢慢加入熟石灰,一次加一点,不要一次性全部加入,搅拌均匀,避免结块。请注意,加入熟石灰后会产生热量,而且有结块的趋势,会产生更多热量,所以要尽快搅拌均匀。另外,添加熟石灰也可能导致起泡和溢出,务必小心谨慎。

5.确认搅拌均匀且无结块后,注入温水至桶边缘以下5厘米的地方。顺时针方向小心搅拌,让混合物旋转成一个圆形漩涡,气泡聚集在中心。这些气泡有个好听的名字,叫"靛蓝花"。

6.静置,待靛蓝花呈蓝色,没有白色斑点。再静置30~60分钟。在此期间,液体将开始还原。果糖引起化学反应,除去溶液中的氧气。

7.取一个干净的不锈钢茶匙,浸入液体中,此时液体颜色不应是深蓝色或绿蓝色,相反,它应该是一种清澈的液体,呈现琥珀色、黄色、绿黄色、黄棕色或黄红色(具体颜色取决于所用靛蓝的类型)。如果你用的是透明的玻璃缸,你会看到底部有一层沉淀物。如果液体看起来还没有变色,但是表面的边缘看起来是深黄色,这表明颜色正在发生变化,只需要多一点时间。

8.如果仍然是浓郁的蓝色,请像之前一样,按顺时针方向再次小心搅拌,确保搅散底层沉积物。然后将染料放入隔水炖锅或类似的容器中,使其加热到50~60℃,保持30分钟。应始终使用隔水炖锅,因为在这个阶段不宜直接加热靛蓝。

9.当液体如步骤7所述改变颜色时,染料就可以使用了。溶液上方有深蓝色的靛蓝花(也就是聚集了很多气泡),表面有一层彩虹色的铜色浮渣(有点像溢出的汽油)。

10.当你觉得已经达到想要的效果时,仔细搅拌混合物,并注入更多热水(50~60℃)直至桶边缘下方几厘米,保证浸没织物,而靛蓝溶液不会溢出。这时应该看到它开始呈现浑浊的黄绿色,并且在大约30分钟内再次还原。

11.再次检查是否有相同的特征,即蓝色靛蓝花、铜色浮渣和表面下透明的黄色液体。如果有,就可以开始染色了。

(下页图)从左上开始:加入果糖;搅拌至无块状物;靛蓝花;淡黄色液体

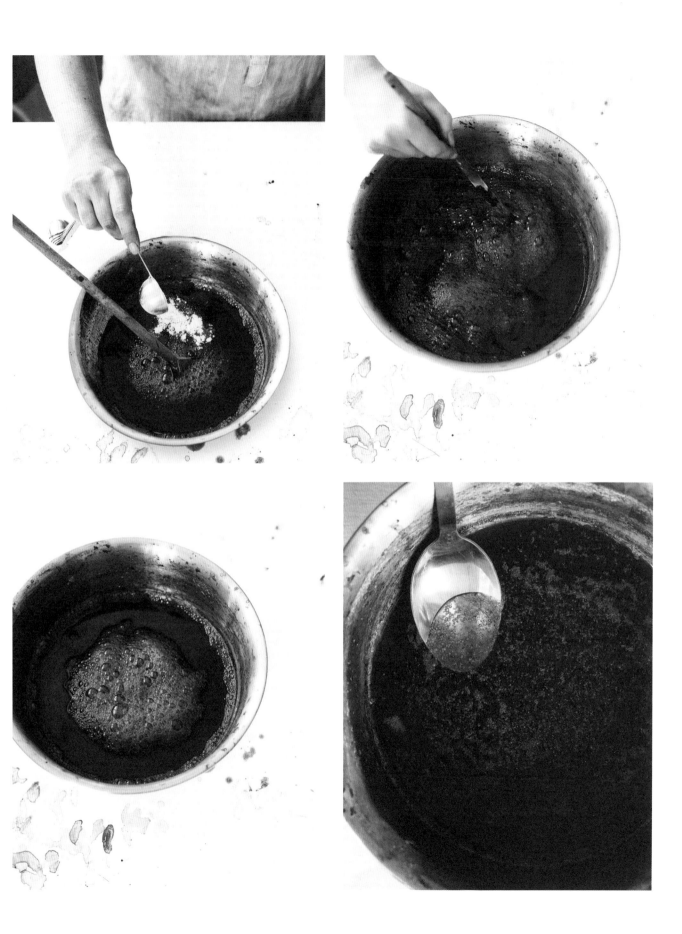

加热板上的隔水炖锅

染色

1. 染液有两层。上层是透明的淡黄色溶液——这是染料溶液。染色时，应将织物放在这个地方。底部区域是沉淀物，需要将其与染料溶液分开。注意不要将织物放入底部，因为它可能会接触到底层的沉淀物。从而导致着色不均匀，可能还会使沉淀物混合到上层的染色溶液，导致染料不均衡。在这种情况下，你可能需要再次平衡。你可以试着在更大的桶里使用一个塑料洗衣篮，在沉淀物上方，固定在桶的顶部，作为一个保护屏障，这样你的手就可以更自由地移动，而不用担心织物沉到缸底。

2. 准备开始染色时，用茶匙或筛子去除缸表面的靛蓝花。

3. 使用温度计观察染缸的温度，染色时保持在30~60℃。如果天气太热，可以停止加热。温度高并不一定会损坏靛蓝，但是低温下将无法染色。

4. 双手戴上防护手套，将预浸湿的织物慢慢放入缸中，一次完全浸没。重点是不要将织物完全沉底，而是将它放下去，然后提起来，反复这个操作，让更多氧气进入溶液中。

5. 将织物浸入水中约30秒，轻轻按压，让染料均匀地进入纤维。不要将织物长时间浸泡在水中，浸泡时间过长，染料可能没有附着在织物上，从而影响色牢度。

6. 从缸中取出织物，停留在液面上方，这样织物上的水滴能很快滴落在缸里，减少了进入缸中的氧气量。

7. 靛蓝染料很珍贵，价格也很高，因此要减少浪费。取出织物时，仅离开液面几厘米，然后慢慢从上到下挤压织物，让多余的染液流回染缸。这也使织物中的靛蓝染料更容易氧化。

8. 摊开织物，看着它在你眼前从绿色变成蓝色。这是氧化的过程，也是染色工艺的最后一步。等到织物完全变成蓝色，没有任何绿色部分。要特别注意的是将织物以及褶皱区域完全摊开，暴露在氧气中，并确保已经全部变成蓝色。

进一步染色

1. 第一次浸泡后，在一碗清水中漂洗布料（可将水留下备用）。如果你需要进行多次浸泡，每浸泡三次后在这个碗中漂洗一下。将布料重新放入染缸，拧干多余水分。

2. 靛蓝是一种分层染料，需要多次浸泡才能产生中等蓝色到深蓝色。不要一次浸泡过长时间。取一块布料进行实验，观察达到你想要的颜色，需要浸泡的次数和时长。根据我的实践，如果希望获得非常暗的蓝色，需要进行15~20次浸泡。

3. 一次又一次地按照染色步骤进行操作，直到达到你想要的色调。请记住，刚染过色的湿润织物看起来颜色更暗，经过清洗和干燥后，颜色会变淡。随着经验的积累，你会掌握这方面的诀窍。

染色后的处理

1. 用温水冲洗织物，再用中性皂清洗，然后再次冲洗。这样做三次，或者直到水变清。

2. 将织物悬挂晾干，避免阳光直射。

平衡还原染料/原因排查

由于靛蓝不溶于水，因此该过程中使用的水量非常少。放入染缸后，就不用再取出来，可以通过添加更多的染料成分来调节颜色。事实上，染缸可以使用很长时间，你只需用根据需要往里面添加更多靛蓝、石灰或果糖。

如果你正确地遵循了这些步骤，并且出现靛蓝花和铜色浮渣，但液体是深蓝色的，请尝试加入1茶匙果糖来促进还原反应并改变颜色。

如果采取上述建议，30分钟后颜色仍然没有变化，并且仍然有靛蓝花和铜色浮渣，那你可能需要等待更长时间或添加更多果糖。试着再搅拌一下，并等待15分钟。如果这仍然不起作用，请再加入1茶匙果糖。

如果没有出现靛蓝花或铜色浮渣，请加入1茶匙熟石灰并搅拌。

如果没有出现靛蓝花，但是有蓝色气泡和铜色浮渣，这也没问题，因为气泡可能刚刚散开。

如果染料液体变蓝，则需要通过加入1茶匙熟石灰和2茶匙果糖并等待30分钟来重新调节颜色。然后它会再次变成透明的淡黄色。如果没有，请尝试加热或按照上面的说明排查原因。

如果持续浸泡仍看不到颜色加深，可能是靛蓝已经用完，所以你需要添加更多靛蓝。按照步骤1中的比例，使用合适重量的织物。将额外的靛蓝加入染缸，首先将其与水混合制成糊状，然后加入液体，再小心地倒入染缸。用长柄茶匙在缸内搅拌，等待它沉淀下来，然后进行染色步骤。

靛蓝图

下页的图片显示了不同浸泡次数所获得的不同蓝色。这种织物是有机棉（植物纤维）。从最上面开始依次为：

0次浸泡

1次浸泡

3次浸泡

6次浸泡

12次浸泡

18次浸泡

24次浸泡

绞染染色

绞染染色（Shibori）是一种古老的日本染色技术，通过使用木块、细绳、尖子等压缩织物构建重复图案，在染色时防止局部面料受染。

这个名字来自日语"shiboru"，是指一种拧干或挤压衣物的方法。早在8世纪，人们就开始使用这种技术，当时可用的主要面料只有棉、麻和丝绸。靛蓝是首选染料，尽管也有染色工匠使用茜草和甜菜根作染料。

绞染染色技术有多种方法，使用工具各不相同，可以进行各种各样的设计。Arashi shibori 是一种杆状缠绕的印染方法，将布料围绕一根长杆包裹起来，在布料上缠绕细绳形成小折痕，然后将布料顺着长杆往下推，使布料一端被挤压在一起。最后能产生奇妙的波浪状染色效果。Itajimi shibori 染色方法需要将布料如手风琴般错落地折叠起来，在布料两侧放上一对木制品，并用绳子捆绑好。Kanoko shibori 类似于目前西方的"扎染"技术，用线将布料捆绑起来获得螺旋形效果。

绞染染色技术的重点就是精确性。然而，你可以有一千种方法来适应形式和材料，在不一致和错误中也可以发现很多美！有无数种方法可以捆绑、折叠和缝合布料以获得不同的图案。你可能会发现，有些技术比其他技术更适合某些类型的面料，你也可以将多种技术结合起来，创造出更复杂的设计。也可以尝试使用任何种类的天然染料。下面列出几个简单的绞染染色技巧供你尝试。

所需材料和工具

织物（水洗、煮练和媒染）
蒸汽熨斗
压熨布
2块方形木块
C型夹
细绳
钳子
靛蓝染缸或染浴
中性皂

织物
我在这里用的是100%有机天然棉花（植物纤维）。你可以使用任何轻质或中等重量的植物纤维来获得相似的外观。但是你也可以用任何紧密编织的动物或植物纤维做实验。

媒染剂
我使用的是靛蓝还原染料，所以不需要媒染剂。如果你使用不同的染浴，那就选用合适的媒染剂，参见第32页至第38页。

染料
如果你正在制作染浴（而不是使用靛蓝还原染料），请选择颜色丰富的染料材料，如茜草、胭脂虫、洋苏木或苏木。

ITAJIMI SHIBORI——方形纽手风琴

1.将折叠成手风琴形状的织物再折叠成正方形，这样最后可形成正方形格子的染色效果。确保你遵循了所用织物的适当洗涤和媒染说明。

2.将一块布料铺在工作台面上，熨平任何折痕。将布料折叠成手风琴形状，在周围用木块夹住，以在边缘留下小的边距（边界）。边界内部的区域将被染上颜色。首先，将一个木块放在一个角落，计算布料可以折叠多少次，同时在木块周围留出一小块空白。如果你想要一个非常整洁的饰面和一个完整的网格印花（不会出现半个网格的情况），请将布料修剪成合适的大小。

3.将折叠成手风琴形状的布料用蒸汽熨斗熨烫平整。也可以不熨，这样外观看上去更质朴。

4.将折叠好的长布条沿长边进行对折。

5.将对折后的布料再折叠，直到成为正方形的形状。可以在折叠处按压一下。

6.将折叠好的方块放在两个木块之间，木块周围留出等量的织物边缘。

7.用夹子夹在木块中间，使木块压紧褶皱。

8.将夹好的布料浸入水中，浸泡一夜，或至少1小时，以便在染色前预浸湿。

9.本次采用靛蓝还原染色，浸泡了大约20次。你可以使用喜欢的染浴。将折叠好的布料放入染浴中，根据布料和染料选择热染色或冷染色的方法进行染色。你可能需要用重物将布料压住，以防止布料浮起来。不时轻轻移动，但需注意不要接触任何其他表面，并确保布料的所有暴露部分都染上色。

染色后的处理

1.染色完成后，将织物从靛蓝染缸中取出并冷却。小心地展开织物，悬挂晾干。

2.如果你使用的是其他染浴，将织物从染浴中取出，悬挂晾干，避免阳光直射。再固化几天或几个星期，时间越长越好。固化后，用中性皂清洗织物。然后用蒸汽熨斗和压熨布进行熨烫定型。

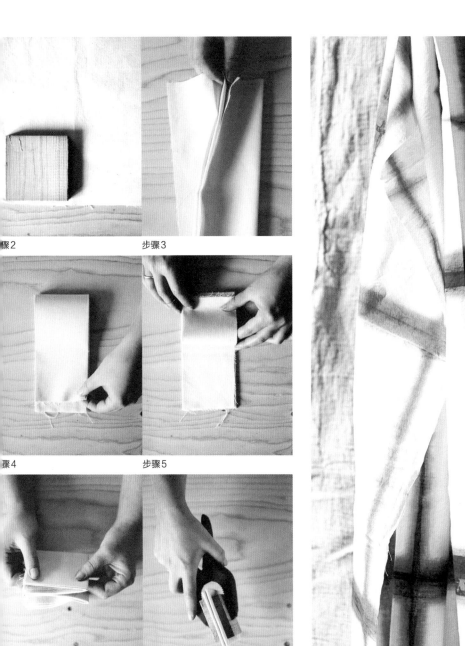

步骤2　　　　　　　　步骤3

步骤4　　　　　　　　步骤5

步骤5　　　　　　　　步骤8

ITAJIMI SHIBORI——三角形手风琴

1.将布料折叠成三角形，构成有趣的三角形和菱形图案。确保你遵循了所用织物的适当洗涤和媒染说明。

2.将布料平铺在工作台面上，熨平所有折痕。将布料折叠成手风琴的形状。

3.将折叠后布料右上角向下折叠，在顶部形成一个三角形。用熨斗熨烫这个三角形的边。

4.将布料翻面后，三角形就位于上方，将三角形下边的布料折叠成正方形。

5.再将布料翻面，把左上角翻过来，与右边的折叠边相接。

6.重复以上折叠过程，直到整个布料成为一个三角形。用细绳将三个角分别系紧，先系两端的角，再系中间的角。确保绳子在染浴中不会松脱。

7.将系好的布料浸入水中，浸泡一夜，或至少1小时，以便在染色前预浸湿。

8.本次采用靛蓝还原染色，浸泡了大约20次。你也可以选择喜欢的染浴染色。将折叠好的布料放入染浴中，根据布料和染料选择热染色或冷染色的方法进行染色。你可能需要用重物将布料压住，以防止布料浮起来。不时轻轻移动布料，但需注意不要接触任何其他物体表面，并确保布料的所有暴露部分都染上色。

染色后的处理

1.染色完成后，将织物从靛蓝染缸中取出并冷却。小心地展开织物，悬挂晾干。

2.如果你使用的是其他染浴，将织物从染浴中取出，悬挂晾干，避免阳光直射。再固化几天或几个星期，时间越长越好。固化后，用中性皂清洗织物。然后用蒸汽熨斗和压熨布进行熨烫定型。

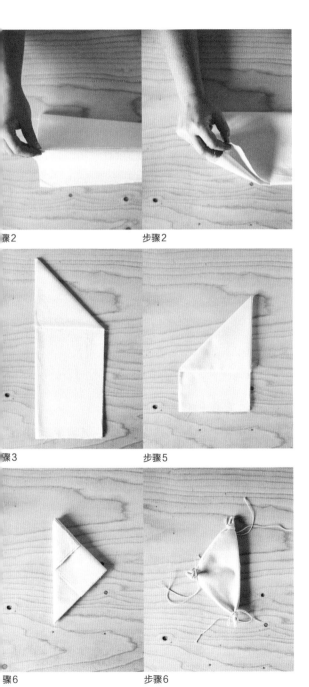

骤2　　　　　　　　　步骤2

骤3　　　　　　　　　步骤5

骤6　　　　　　　　　步骤6

印刷墨水

用于模版印花和筛网印花

所需材料和工具

植物基黏合剂粉末（我用过黄蓍胶）

量杯

碗

茶匙

电动搅拌机（可选）

萃取粉末（我用过洋苏木）

萃取粉末

请注意，黄蓍胶（植物基黏合剂粉末）具有酸性，这会影响印刷墨水的颜色效果。在这种情况下，洋苏木（紫色或蓝色）在加入黄蓍胶后，生成的墨水变成了橙色。

植物基黏合剂粉末

你可以使用植物基黏合剂，例如黄蓍胶、阿拉伯树胶或任何其他植物淀粉，包括玉米淀粉、马铃薯淀粉、小麦淀粉等，将天然染料转化为适合筛网印花和模版印花的墨水。你可以使用你所在地生长的作物，从中提取淀粉，或者在网上购买粉末形式的材料。

媒染剂

如果你在纸上印刷，则不太需要媒染剂来固定染料颜色，因为这里不需要考虑水洗色牢度。只需选择耐光性好、不会随时间褪色的染料即可。如果在织物上印染，你可能希望使用媒染剂来固定颜色，也可以预先对织物进行媒染处理。或者，在印染之前将媒染剂（在这种情况下用明矾粉）添加到印染墨水中。注意，必须非常快速地操作，在最后1分钟添加媒染剂，以防止媒染剂与染料而不是与纤维相结合。此外，媒染墨水只能保存一天。

步骤

对于筛网印花墨水，需将1茶匙植物基黏合剂粉末加入到240毫升沸水中。

对于模版印花墨水，需将½茶匙植物基黏合剂粉末加入240毫升沸水中。

按上述用量配比制作更多溶液，可以进行多次印染。

1. 将所需量的植物基黏合剂粉末和沸水倒入碗中。用茶匙手动搅拌均匀，或者放入电动搅拌器中进行搅拌，直到再无任何结块。

2. 将混合物放入冰箱，静置一夜后会变稠密。

3. 第二天，将1茶匙萃取粉末与几滴热水混合成糊状，然后加入几滴热水形成液体。尽可能用最少的水，以免过分稀释。

4. 将上述液体与120毫升从冰箱中取出的黏合剂混合物混合，手动或电动搅拌器搅拌均匀。

5. 请记住，清洗和干燥后颜色会变浅。如果需要较深的颜色，你可以提高萃取粉末和黏合剂的用量比。

在墨水中添加媒染剂

首先按照步骤1~5进行，但注意用量不同。对于模版印花墨水，将1茶匙黏合剂加入到240毫升沸水中。对于筛网印花墨水，将2茶匙黏合剂加入到240毫升沸水中。

接下来，用1茶匙明矾粉和尽可能少的沸水制作少量媒染剂溶液，但要确保完全溶解。理想情况下只需1~2茶匙水。

溶解后，将媒染剂溶液加入墨水中，用手动或电动搅拌器搅拌均匀。

使用这种媒染墨水进行印染时，需要快速操作。墨水最好不要存放超过一天。

模版印花

模版印花是一种传统的浮雕技术。它使用刻有图像的木块，将图案印到纺织品和纸张表面。再使用工具在木块表面雕刻图像，抠掉未印染上颜色的部分。本书中描述的这种技术使用水基印染墨水，其中混合了植物淀粉。受日本和中国传统模版印花的启发，这种印染技术使用了大米淀粉作为黏合剂。这与西方木刻的类似做法不同的是，西方木刻通常使用墨水。

传统的日本模版印花使用薄的日本胶合板，但当地可持续生长的软木都可以使用。松树、雪松和柏树有点太软，印染时会出现压缩的现象，因此图像传输不太好。可以使用较硬的木材，但它们更难雕刻，需要更锋利的切割工具和一致的刀具刃磨。我倾向于使用樱桃木胶合板，它在桦木胶合板上铺有一层薄薄的樱桃木，非常适用于精妙的细节设计。你也可以尝试红木、白杨木、白蜡木、桦木、苹果树或任何其他果树木。

所需材料和工具

绘图设计用的铅笔和纸（可选描图纸）

木块（每种颜色一个）

防滑垫或垫板

木块雕刻工具

喷水壶

墨水（参见第125页的配方）

油漆刷

海绵

纸或织物（水洗、煮练和媒染过的）

压印垫板（用于按压，可选）

蒸汽设备

中性皂

墨水

印染墨水的用量配比参见第125页。这里我使用了洋苏木萃取粉末和黄蓍胶黏合剂。

木材

木材应是干净的，充分晒干或烘干，而且非常平整。

厚度为6~76毫米时效果更好。木头越厚，越不易弯曲。

我会避免使用中密度纤维板，因为它含有有毒的胶水、甲醛和其他有害的化学物质，在处理或雕刻时吸入这些物质会损害健康。它们也会使墨水的颜色变暗。

我的印染设计只有一种颜色，所以我只需要一个木块。如果你想使用更多的颜色，则每种颜色都需要一个木块。你可以使用双面木版，每面都有图像，以最大限度地减少购买或浪费的数量。

雕刻

在防滑表面或木工工作台垫板上工作，以便在雕刻时保持木块稳定。像拿铅笔一样拿着切割工具。

我用过日本的木雕工具。花大价钱购买质量好、锋利且握感舒适的工具很重要。我发现木柄工具是最好的，其使用体验是廉价的塑料柄工具所不能比的。你可以在网上购买。如果照顾得当，可以使用很久。最好在每次使用之后进行打磨。

织物或纸张

我在这里使用了电力纺丝绸（动物纤维）。你可以使用任何紧密编织的动物或植物纤维。

媒染剂

对于丝绸，请使用矿物基媒染剂明矾和酒石进行媒染处理，参见第35页。或者选择适合待印染织物的媒染剂，参见第32页至第38页。

对于纸张，在印染前用喷水壶轻轻喷洒每一张纸。将纸叠放在一起，在上面和下面各放一张干纸，然后用塑料袋包好，放置一夜。这样印染时，可以将墨水吸收到纸张中。

步骤

1. 如果你足够自信，可以直接将设计绘制在木块上。当然也可以先在纸上勾画，然后用描图纸或复写纸将图像印在木板上。

2. 开始切割木块。首先使用刀具刻画图案的轮廓，画线应清晰可见。

3. 完成刻画工作后，用工具包里最小的刨削工具，沿画线开始雕刻。用画笔清理线条周围的木屑。

4. 再使用中等大小的刨削工具进一步雕刻。最后，使用最大的刨削工具将表面的其余部分（或大部分）雕刻出来。

5. 刻好木块待用，最好在一些废纸或废布料上先练习几次印染技术，试验一下如何施加压力、墨水用量以及墨水如何染到木块上。这些可能与待印染的不同织物或纸张而有所差异。

6. 用喷水壶对着木块轻轻喷水，以便木板吸收墨水。然后用刷子在上面涂上一层墨水。通过向前和向后移动刷子，确保均匀涂抹墨水，这样就看不到刷痕了。用海绵擦去印染区两侧多余的墨水，形成清晰的线条。

7. 取一张打湿的纸或织物，平放在工作台上。将上过墨水的木块放在印染表面，轻轻按压，打圈摩擦木块背面，但要非常小心，不要移动它。你可能还会发现，用手心用力拍几下也会有很好的效果。你也可以使用压印垫板，并轻轻按压。

8. 用一只手将木块从表面均匀提起，用另一只手按住布或纸，使木块所有区域同时提起。

9. 通过重复相同的过程，你可以继续印染多次。当你使用刷子在木块上再次涂刷墨水时，请小心擦拭，以免出现不必要的污点或痕迹。

印刷后的处理

1. 用水和中性皂清洗工具，然后晾干。

2. 将纸或织物挂在架子上晾干，避免阳光直射，然后放置几天，如果可能的话，放置几个星期。让墨水凝固和固化的时间越长，染料的寿命就越长。

3. 如果你是在织物上印花，待织物干燥后，需要使用蒸汽设备固色。我用蒸笼蒸了1小时。如果你没有蒸笼，可以用不锈钢锅做一个临时蒸锅，里面有过滤器和盖子，蒸1小时。或者你也可以用普通的蒸汽熨斗熨烫，每次20分钟，总共熨烫1小时。

4. 蒸的时候，将干印花布放在一层白棉布上，然后在上面再放一层白棉布，使其夹在两层之间。卷成香肠状，小心地放入蒸锅内。白棉布可以防止墨水弄脏织物以及渗入织物的其他位置。白棉布是透气的，蒸汽可以透过，并且它也比许多其他织物便宜。

5. 悬挂晾干，避免阳光直射，固化1天左右。然后使用熨斗和压熨布进行熨烫。

6. 用温水和中性皂清洗布料，待晾干后用熨斗熨烫。再次清洗时也应该采用这种方式，以保持天然染料的完整性。

步骤3

步骤4

步骤6

步骤7

筛网印花

筛网印花是通过施加一定压力，让墨水透过由精细织物制成的筛网。使用剪纸模板制作版画，赋予它们独特的个性和简单的魅力。

这种印花方法可以追溯到中国的宋代（960~1279年），然后在亚洲和日本传播开来，最终在18世纪末期到达欧洲，在那里它转变成我们今天使用的技术。

大约在1910年，制版人尝试使用合成光反应凝胶，将图像曝光到屏幕上。如今，这种技术常用于聚酯筛网（而不是传统的丝绸）印花。

由于其易于操作、相对便宜且容易获得所需材料和基本设备，这种技术已被广泛用于印刷海报、传单以及制作T恤和艺术品等领域。

可惜的是，现代筛网印花工艺在全球范围内大量使用合成墨水，对人类和地球造成很大影响。如果我们能回归旧的方式，也就是使用天然纤维丝网代替聚酯，采用以有机植物为基础的墨水配方，也许能够消除这种技术带来的危害。

你可以尝试制作木质框架，在上面绷丝网，制成一个可生物降解的丝网。使用植物基橡胶和木质刮板。

所需材料和工具

美工刀

切割垫

待印染的织物或纸张

美纹纸胶带

包裹（棕色）胶带

筛网印花墨水（参见第125页的用量配比）

印花筛网（每英寸43~62根线目数适用于丝绸上进行的剪纸模板印花）

抹刀

刮板（软质刮板适用于丝绸）

干燥架

白棉布

蒸汽设备

中性皂

墨水

使用第125页的墨水配方。在筛网印花中，我使用茜草和铁水溶液作为媒染剂，使用黄蓍胶作为黏合剂。

印刷台面

我发现，在平坦台面上铺上垫子进行印染，最后的效果会更好。可以使用旧毛毯和床单叠起来垫在台面上。

织物

我建议先尝试使用柔软的丝织品，如电力纺、绸缎、绉纱或查米尤斯绉缎。这些薄薄的动物纤维织物能够很好地保持颜色。在筛网印花中，我使用了有机棉（植物纤维）。但是你可以用任何紧密编织的动物或植物纤维做实验。

媒染剂

我在墨水中使用了铁水溶液作为媒染剂。你可以使用任何适用于纤维的媒染剂，参见第32页至第38页。

步骤1

步骤3

步骤7

最终印刷效果

步骤

1. 首先将图案绘制在纸上，然后使用工艺刀和切割垫将它切下来作为模板。

2. 将织物或纸张铺在工作台面上，并用胶带固定到位，确保平整。确保筛网清洁待用，并检查是否有任何堵塞的区域。

3. 将纸模板放在织物上面和丝网下面，但是首先你需要检查筛网印花窗口的尺寸是否适合模板。将模板放在筛网上查看是否合适。

4. 将模板放在织物上，在顶部与丝网对齐。确保模板边缘没有缝隙，否则墨水可能会泄露。如有必要，向下按压筛网以将其固定到位。使用包裹胶带堵住小缝隙，或者用胶带封起来，构成适合模板大小或形状的筛网印花窗口。

5. 使用抹刀在丝网顶端涂抹油墨，再使用刮板将墨水从顶部刮到底部，这样整个丝网都涂抹上墨水。

6. 以中等压力向下按压刮板，从底部滑回到顶部，将所有墨水刮回顶部。重复一两次便可获得良好的效果。

7. 小心地将筛网向上提离表面，模板仍附在下面，并将其放在安全的地方，直到你准备好再次印花。

8. 可以在筛网上涂满墨水（就是使用刮板在筛网上均匀地涂上一层薄薄的油墨），以保持筛网潮湿，并可防止下一次印花时丝网堵塞。但是不要放置太久，防止墨水干燥后堵塞筛网。如果筛网被堵塞，必须清洗干净并干燥后才能再次使用。

印花后的处理

1. 将印花好的物品放在干燥架上晾干。

2. 如果你是在织物上印花，待织物干燥后，需要使用蒸汽设备固色。我用蒸笼蒸了1小时。如果你没有蒸笼，可以用不锈钢锅做一个临时蒸锅，使用过滤器和盖子，蒸1小时。或者你可以用普通的蒸汽熨斗熨烫，每次20分钟，总共熨烫1小时。

3. 蒸的时候，将干印花放在一层白棉布上，然后在上面再放一层白棉布，使其夹在两层之间。卷成香肠状，小心地放入蒸锅内。白棉布可以防止墨水弄脏织物以及渗入织物的其他位置。白棉布是透气的，蒸汽可以透过，并且它比许多其他织物便宜。如果你是在T恤或枕套（两层织物）上进行筛网印花，则需要在每层织物之间插入一层白棉布。

4. 1小时后，从蒸笼中取出卷成团的织物，展开，从白棉布层上取下印花后的织物，挂在外面晾干。

5. 待干燥后，可以用熨斗和压熨布对织物进行熨烫。

6. 用温水和中性皂清洗织物，然后再次风干。

防染印花

防染印花是筛网印花或模版印花技术的延续。这种技术是将淀粉糊（而不是印刷油墨）印刷到织物或纸张中的设计上，然后直接将油墨涂在织物或纸上，或者将其快速浸入染浴。除了被米糊挡住的地方，颜色印染到其他所有地方。除了印花，你可以用画笔或其他工具涂抹糊状物，获得不同类型的图案。这种技术的灵感来自日本古法染布工艺——型染。这种工艺通常是将靛蓝染料应用到棉织物上，创造出整体图案。

所需材料和工具

有机米粉

抹刀

印花筛网

刮板

模板

染锅，适用于冷染色方法

蒸汽设备

中性皂

染料

我用胭脂虫染料粉末做了一个染浴。你可以将这种技术用于任何冷染色效果好的染色材料，如茜草或鳄梨。

织物

我在这个项目中使用了柔软的绸缎（动物纤维）。使用丝绸，如电力纺或绉纱，也可以达到类似的效果。你也可以尝试植物纤维，但颜色不会那么鲜艳。

媒染剂

适用于丝绸的媒染剂是矿物基媒染剂明矾和酒石，参见第35页。

步骤

1. 按照第135页关于筛网印花技术的步骤1~4，你需要用纸制作模板，并准备织物和筛网。

2. 将1份有机米粉（白米粉或全麦粉都可以）和2份水混合制成米糊。

3. 按照上述配比的米糊可能比较浓稠，但这种液体仍可以透过筛网印花。

4. 使用抹刀将糊状物涂抹在筛网顶部，再用刮板从顶部刮到底部，这样整个筛网都涂抹上糊状物。

5. 以中等压力向下按压刮板，从底部滑回到顶部，将所有糊状物刮回顶部。

6. 小心地将筛网向上提离表面，模板仍附在下面。让糊状物在织物上风干，直到变硬。

7. 将米粉印花织物浸入冷染浴中，放置约10秒后取出并风干。

8. 重复染色过程，直到达到所需的颜色深度。或者，用软刷将染料涂在织物上，并分层晾干。

印花后的处理

1. 达到所需的颜色深度后，让织物风干。

2. 按照第135页关于后期印花的步骤2~4中的蒸汽处理进行操作。

3. 待织物干燥后，静置几天，避免阳光直射，等待颜色固化。如果可能的话，静置几个星期，效果会更好。

4. 用温水和中性皂清洗织物，去除浆糊和未黏附的染料。冲洗并晾干。

艺术颜料

颜料是一种由色素和黏合剂制成的物质，涂刷在织物表面，而不是像染料一样与织物化学结合，或者像油墨一样刻在织物上。你可以使用不同的黏合剂，具体取决于你想要制作的颜料类型。油画颜料中可以采用亚麻籽油。蛋彩画上可以使用蛋黄。传统的水彩颜料可以使用水溶性黏合剂，类似第149页的油墨配方。你还可以尝试用你所在地区的其他树脂或植物淀粉。

蛋彩画颜料

蛋彩画颜料是一种永久性快干颜料，由干颜料、蛋黄和水制成，经久耐用。古埃及人、希腊人和巴比伦人都使用这种颜料，到15世纪晚期，波提切利等艺术家也用到了这种颜料。14世纪中期，油画颜料引入后，在一定程度上替代了蛋彩画颜料。直到20世纪，蛋彩画颜料再次流行。蛋彩画颜料非常稳定，不泛黄。这种天然乳液是油和水的天然混合物，可溶于水。这种颜料变干后会改变它的分子结构，加水搅拌后也不能再次使用。本节介绍的配方是一种中世纪蛋彩画颜料，在石油被开发出来之前人们使用的是这种颜料的方法。

水粉颜料

水粉颜料是一种水性颜料，比水彩更稠，具有悠久的历史。可以用画笔和芦苇笔将这种颜料涂抹在各种类型的表面。干燥后具有哑光效果，加水后可继续使用。

水彩画颜料

这种颜料由悬浮在水性溶液中的颜料组成，是透明的。早在旧石器时代的欧洲洞穴壁画中就开始使用这种颜料。可以用芦苇笔、竹子笔、毛笔将这种颜料涂抹在纸张、纸莎草纸、皮革、木材和帆布上。

正念绘画技巧

无论你是否认为自己是一个画家，绘画都是获得未开发创造力和打开创造性自我的绝佳工具。正念绘画让你专注于你正在画的东西，充分打开所有的感官，放慢呼吸与当下融为一体，让你的手引导画笔而不去想任何结果。正念绘画通常也被称为直觉的艺术。

首先，准备好所有的材料，放在手边。专注于你的呼吸，做三个深呼吸。让心静下来，专注于通过鼻子的吸气和呼气。

当你感到周围一切都安静下来的时候，拿起画笔或工具，涂上颜料。感受握住刷子的触感，感受将刷子浸入颜料的感觉，感觉空气从你手中穿过。

让你的手在纸上自由移动，无须考虑结果，随着它自然走向哪里，让这种感觉继续下去。

蛋彩画颜料

所需材料和工具

6毫米或10毫米厚的玻璃或抛光花岗岩磨板或干净瓷砖

染料粉末，我用的是靛蓝色染料粉末

调色刀

蒸馏水或开水

玻璃滴管

玻璃研磨器

新鲜蛋黄

厨房纸

小玻璃杯

蜂蜜（稀薄）

染料粉末

除了靛蓝粉末，你可以使用天然染料粉末和萃取粉末，如茜草、胭脂虫、靛蓝、淡黄木犀草、黑胡桃和菘蓝。你也可以使用土质颜料，如棕褐色、赭石和赭黄色，或者你可以使用搜寻的其他岩石和石头。

如果你使用的是植物或土质岩石材料，需要先研磨成粉末。对于植物材料，应先干燥，然后切碎，并用研杵在研钵中研磨或用电动咖啡研磨器研磨。对于岩石和石头，将它们放在弹匣中间，折叠起来，然后用锤子砸成小块，使用大的石杵和

研钵可进行快速处理。

玻璃研磨器和平板

玻璃研磨器是由手工制成的玻璃重物，底面光滑平坦，用于将颜料或其他颗粒研磨成颜料介质。它只能用于钢化玻璃、大理石或花岗岩的平坦表面，如大理石瓷砖。你可以在网上购买相对便宜的研磨器和合适的平板。

步骤

1. 用中性皂、水和棉花或平纹细布清洁研磨平板表面，不要用纸。然后用布擦干，接下来，将半茶匙染料粉末撒在上面。

2. 一只手拿着调色刀，另一只手用玻璃滴管在粉末上滴几滴水，混合后，用调色刀以画圆圈的方式搅拌成松散光滑的糊状物，确保无块状物。

3. 拿起玻璃研磨器，将它放在混合物的上面，以顺时针方向缓缓按压颜料和水。

4. 你会感觉到研磨器和表面之间的摩擦，但随着小结块消除后，这种摩擦会逐渐减轻。继续研磨，直到你感觉摩擦力消失。你也应该注意到研磨时发出的声音在变小。

5. 研磨完成后，混合物呈现光滑的黏稠度，用调色刀刮到一起。

6. 将蛋黄和蛋白分开，再用厨房纸将蛋黄上残留的蛋白吸走。

7. 一只手拿着蛋黄，用指甲或刀尖刺穿，用小玻璃杯接住里面的蛋黄备用。抛弃蛋白和卵黄囊，只保留蛋黄液使用。

8. 将1茶匙蛋黄倒在颜料混合物上，用调色刀混合。加入蛋黄后，千万不要用研磨器研磨，否则会导致涂料完全变干并被破坏。

9. 加入几滴蜂蜜帮助保存颜料混合物，然后将其放入一个小盘中。

使用蛋彩画颜料

颜料配好后即可使用，但不能长时间存放，应该在三四个星期内用完。

应保持颜料湿润，最好将它保存在锡箔或锡箔管中，以防止它变干。如果颜料开始变干，可以加水。如果已经变干且凝固，就无法再使用了。

画画时，在半分钟之内，将蛋彩画颜料分层，因为它干得快。典型的蛋彩画，有50~100层。

使用十字型笔触将颜料涂均匀。颜料不应涂得太厚，否则会开裂或剥落。

最好涂在木板上，而不是柔软的帆布上，因为表面不平整可能会导致颜料剥落。

黑貂毫笔是这种颜料的最佳工具选择。松鼠毛笔也不错，比貂毛笔便宜。

水粉颜料

所需材料和工具

可按比例扩大这个配方：使用2份染料粉末和1份黏合剂的比例

染料粉末

阿拉伯树胶溶液

碳酸钙、白垩粉（可选）

量匙

6毫米或10毫米厚的玻璃或抛光花岗岩磨片或干净瓷砖

调色刀

蒸馏水或开水

玻璃滴管

玻璃研磨器

染料粉末

我用茜草粉末画了这幅画。胭脂虫和靛蓝是两种传统的染料粉末，你可以用它们获得很好的颜色效果。

阿拉伯树胶溶液

这是一种用于制作颜料的黏合剂。你可以在网上或艺术商店购买阿拉伯树胶粉末。如果是岩石形式的，使用前需研磨成粉末。

制作阿拉伯树胶溶液时，将3份沸水和1份阿拉伯树胶粉末混合。手动混合，持续搅拌10~15分钟。不要在搅拌机中进行搅拌，避免搅起泡沫。溶液应该很浓稠。最后，称量溶液，加入稀薄的蜂蜜。蜂蜜用量是溶液重量的25%。槐花蜂蜜也是一种理想的选择，因为它和阿拉伯树胶都取自槐树。

步骤

1.确保研磨平板表面干净，用中性皂、水和棉花或平纹细布清洁，不要用纸，清洁后用布擦干。在研磨板上量出2~4茶匙染料粉末，可以是100%粉末，也可以是25%（1茶匙）白垩粉和75%（3茶匙）粉末。白垩粉是一种增白剂，会降低涂料的透明度。

2.一只手拿着调色刀，另一只手在粉末上滴几滴水。混合后，用调色刀以画圈的方式搅拌，确保无块状物。

3.拿起玻璃研磨器，将它放在混合物的上面，以顺时针方向缓缓按压颜料和水。

4.你会感觉到研磨器和表面之间的摩擦，但随着小结块消除后，这种摩擦会逐渐减轻。继续研磨，直到你感觉摩擦力消失。随着块状物的消除，你也应该注意到研磨时发出的声音在变小。

5.研磨完成后，混合物呈现光滑的黏稠度，用调色刀刮到一起。

6.加入1~2茶匙阿拉伯树胶溶液，用调色刀混合均匀。

7.放入一个小盘子里准备使用或存放起来。

使用水粉颜料

你可以加入几滴伏特加、精油或丁香油来延长颜料的使用寿命，通常可在冰箱里保存2~3个月。

水粉颜料涂在表面并干燥后，将保持不褪色，且不会发霉。

即使在水粉颜料上面涂上清漆，也不需要密封剂。

水彩画颜料

所需材料和工具

可按比例扩大这个配方：使用1份染料粉末和1.5份阿拉伯树胶黏合剂的比例

染料粉末，我用了固色剂

阿拉伯树胶溶液（第144页）

量匙

6毫米或10毫米厚的玻璃或抛光花岗岩磨片或干净瓷砖

玻璃研磨器

调色刀

步骤

1. 用中性皂、水和棉花或平纹细布清洁研磨板表面，不要用纸，然后用布擦干。在研磨板上量出1茶匙染料粉末。一只手拿着调色刀，另一只手一次加入几滴阿拉伯树胶溶液，总共不超过1.5茶匙。混合后，用调色刀以画圆圈的方式搅拌，确保无块状物。

2. 拿起玻璃研磨器，将它放在混合物的上面，以顺时针方向缓缓按压颜料和水。

3. 你会感觉到研磨器和表面之间的摩擦，但随着小结块消除后，这种摩擦会逐渐减轻。继续研磨，直到你感觉摩擦力消失。你也应该注意到研磨时发出的声音在变小。

4. 研磨完成后，混合物呈现光滑的黏稠度，用调色刀刮到一起。

5. 放入一个小盘子里准备使用或存放起来。

使用水彩画颜料

红貂毛水彩笔和柯林斯基貂毛水彩笔是适用于绘制水彩画的理想画笔。

储存时，使用专业的水彩颜料盘，上面有小凹槽。颜料倒进凹槽里并干燥成固体颜料片。将这些托盘装在一个可密封的铁盒里，这样可以保持颜料是干燥的。

你也可以使用小的玻璃果酱罐临时存放水彩颜料。自己制作水彩颜料只需要非常少量的颜料。

绘图墨水

当我想到天然绘画墨水时，我的思绪就飘到了中世纪的英国，想到了古老的羊皮纸和蜡封的卷轴、秘密信息、罗宾汉和莎士比亚笔下命运多舛的恋人之间的书信。绘图墨水很容易制作，可以给你的绘画和书信带来一丝浪漫的感觉。

墨水这个词来源拉丁语encaustus，字面意思是"留下深刻印象"。传统墨水配方中使用的单宁酸在实际使用时会渗进纸张或羊皮纸的表层，而颜料位于表层。制作墨水的方法有无数种，可以根据表面质量和纹理的不同进行调整。

在这里，我提到了两种方法。一种是简单的墨水配方，你可以直接将它和许多染料植物材料结合制成彩色墨水。另一种是传统的不褪色墨水配方，其中含有铁，可加深颜色并赋予黑色色调，并留下永久的印记。这是一种栎瘿墨水，曾用于书写历史手稿。其中一些手稿已经受损，因为栎瘿中的单宁酸随时间侵蚀了天然纤维。

黏合剂和墨水

这两种墨水都使用黏合剂来增稠墨水，使其适合书写或绘画。我使用了阿拉伯树胶，这是一种从金合欢树中提取的天然树脂，呈固态半透明橙色。它有助于墨水保持一致性，起到黏合剂的作用，使颜料均匀分散。

根据绘图工具、表面材料和工作台面的不同，你可能希望调整墨水，并改变黏合剂的类型和用量以满足你的需要。

你可以尝试几种不同的黏合剂，看看哪种最适合你选择的植物颜色，如蛋清、油、马铃薯、小麦或玉米粉（玉米淀粉），甚至蜂蜜都是不错的选择。

简单的绘图墨水

所需材料和工具

染料粉末或植物材料

量杯或量匙

阿拉伯树胶溶液（第144页）

盐

醋

植物材料所需的额外工具

天平

热源（可选）

罐子

筛子

染料粉末或植物材料

可以从当地的季节性植物和废弃食物中提取颜色，用尽可能少的水制作染浴，然后将其浓缩。加入黏合剂和防腐剂制成墨水。

我用过胭脂虫染料粉末，你可以使用任何新鲜的、干燥的或冷冻的植物材料，或其他染料粉末。还可以使用切碎的甜菜根、鳄梨皮、咖啡渣、茶叶、浆果、桉树、荨麻叶、酸模、蒲公英根或任何其他染料植物。

染料粉末的步骤

1. 将1茶匙染料粉末和大约2茶匙水混合。用尽可能少的水做成糊状。

2. 向糊状物中加入1茶匙阿拉伯树胶溶液。

3. 为了保存墨水，加入1茶匙白醋和1茶匙盐。

植物材料的步骤

1. 将500克植物材料（如荨麻）放入锅中，加入500毫升的水，或者足够的水，刚好覆盖植物材料即可。关键是少用水。

2. 一种快速提取的技术，就是慢慢加热至沸腾，小火加热30分钟至1小时。

3. 还有一种更环保的冷提取技术，用盖子盖住罐子，放置几个星期，或者直到水的颜色变深。

4. 不管选择使用哪种技术，只要水的颜色加深后，用筛子过滤染浴以去除植物材料。

5. 将锅放在小火上加热，直到水分蒸发，形成浓稠的染浴，呈现你想要的颜色饱和度。

6. 向染料混合物中加入1茶匙阿拉伯树胶溶液。

7. 为了长久地保存墨水，可加入1茶匙白醋和1茶匙盐。

不褪色的绘画墨水

所需材料和工具

下面的用量比可以制成大约500毫升墨水

56克完整栎瘿或栎瘿粉末

研杵、研钵或锤子（可选）

研磨器（可选）

天平

雨水或蒸馏水

粗棉布

30克硫酸亚铁粉末

15克阿拉伯树胶溶液（第144页）

墨水缸，用于存放墨水

栎瘿

虽然栎瘿是旧时欧洲墨水的首选成分，但其中也使用了胡桃木，因此可以在此配方中作为替代物来制作棕色或黑色墨水。有关栎瘿的更多信息，参见第37页。

硫酸亚铁

也叫作铜盐或绿硫酸盐，是一种合成的金属盐，一般是蓝绿色晶体或白色粉末的形式。

步骤

1.用研杵在研钵中碾碎干燥的栎瘿，或者将它们放在干燥袋中用锤子压碎成小块，然后用研磨器研磨成粉末。如果你已经购买了栎瘿粉末，直接进行下一步操作。

2.在500毫升水中加入56克栎瘿粉末，浸泡24小时。

3.用粗棉布过滤栎瘿溶液。

4.将硫酸亚铁加入过滤后的溶液中。

5.最后，加入阿拉伯树胶溶液，搅拌均匀。

6.倒入墨水缸，塞上软木塞，密封保存。也可以放在冰箱长时间保存。

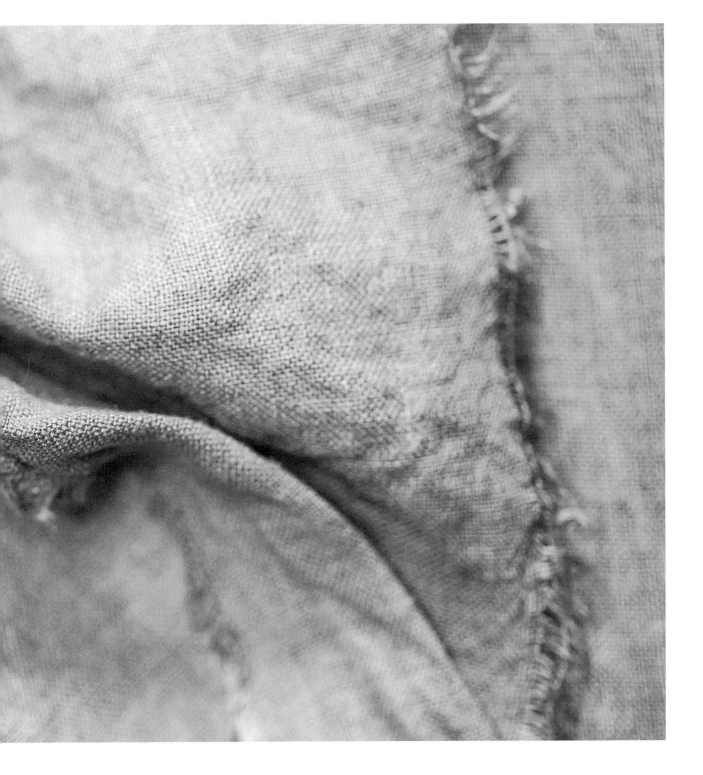

桌布

用食物残渣制作漂亮的装饰性桌布看起来会很特别。而且，当你和朋友围坐在餐桌旁时，桌布的制作工艺也是一个很好的聊天话题。

用食物残渣制作的桌布颜色有不少，包括洋葱皮浓郁的古铜色、鳄梨皮和果核柔和的灰粉色、红球甘蓝的紫色、胡萝卜头部的黄色，以及咖啡渣或各种茶叶的褐色和绿色。

使用黄色洋葱染过色的亚麻布，边缘是柔软的，增添了一丝浪漫气息。我喜欢刚洗过的亚麻布质朴、皱巴巴的外观。你可以尝试任何天然面料来制作长方桌巾和餐巾，也可以用更大的布料制作一块完整的桌布或床单。将不同质量的亚麻布叠放在一起，从松散的轻薄型到密实的厚重型。

所需材料和工具

卷尺

染色布

缝纫剪刀

熨斗和熨衣板

裁缝针

缝纫机

缝纫线

染料材料

洋葱皮，用量和清洗、煮练和干燥后织物质量相等。因此，500克重的织物需要使用500克干洋葱皮。参见第79页。

织物

爱尔兰亚麻（植物纤维）。你也可以使用有机棉，这样会给人一种类似乡村风格的感觉。丝绸（动物纤维）则有一种浪漫的感觉。

媒染剂

爱尔兰亚麻布可以使用两步染色法的矿物基媒染剂，如栎瘿、明矾和苏打粉，参见第38页。

染色法

热染法，参见第79页。对于类似的色调，可将织物放在染浴中小火加热1小时。然后关火，放入染缸，静置一夜。

助剂

我没有在这个项目中使用过助剂，但是酸性助剂，如柠檬汁或淡醋会呈现更明亮的色调。

测量桌子的宽度或长度，桌巾宽度约为桌子宽度的三分之一，沿中间纵向延伸放置时，这样看起来比较美观。所以如果桌子宽度为120厘米，桌巾宽度最好是40厘米。如果你想在晚宴的时候也使用桌巾，应确保它的每一侧都有足够的位置放餐垫。避免餐垫和桌巾重叠。

桌巾的长度应超出桌子两端约15~25厘米。所以，如果桌子长175厘米，则桌巾长度最好是190~200厘米。

餐巾布是方形的，可以是40厘米 x 40厘米到50厘米 x 50厘米的任何尺寸。较大的尺寸倾向于用于正式活动，可折叠成各种好看的形状或围绕银质餐具摆放。

确定所需尺寸后，按尺寸裁剪布料。我制作的餐巾布留了一条粗糙磨损的下摆，因为我喜欢乡村风格。如果你想要更整洁的表面，下摆下方都要留出2厘米的空间。

将布边缘向下折叠1厘米，然后向下折叠1厘米，做成一个双折边。用熨斗熨烫折痕处，然后用大头针固定。在固定时，将大头针与边缘成直角别在布料上。

使用缝纫机，在靠近第一个折叠处缝合下摆。

你可以使用Shibori染色技术为布料添加图案，从而创造出更加精致的设计。相关说明，参见第119页。

丝绸衬裙

用新鲜的、干燥的或冷冻的花朵将复古的丝绸衬裙或吊带背心打造成一件美丽奢华的衣服。这个里面已经加入了药草，有助于放松和恢复精力，并有助于女性健康。

所需材料和工具

- 丝绸衬裙
- 清亮醋
- 喷雾瓶
- 染料材料
- 细绳
- 蒸汽设备
- 钳子
- 热源
- 压熨布
- 蒸汽熨斗和熨衣板
- 中性皂

染料材料

新鲜和干燥的植物和药草，包括艾草、薰衣草、玫瑰、荨麻、苹果叶、洋甘菊、蒲公英、羽衣草、益母草、红三叶草、紫草、覆盆子叶、紫罗兰或蓍草。染料粉末或萃取粉末，包括苏木和洋苏木。

织物

100%丝绸复古衬裙（缎面丝绸），可尝试制作任何丝绸物品，如睡袍、和服、围巾或背心。或者尝试使用另一种动物纤维，如羊毛或羊绒。确保织物在媒染后仍处于湿润状态，或者在开始前将织物预浸湿（第30页）。

媒染剂

矿物基媒染剂明矾和酒石，参见第35页。

染色法

捆扎染色法，参见第94页至第101页。

助剂

浸泡在碱性助剂铁水溶液中可获得柔和的色调，参见第42页、第43页。

将媒染或预浸湿过的吊带背心铺在工作台面上。最好先铺上一层保护罩。在吊带背心上喷醋，每个地方都要喷到。

先将吊带背心正面染色，然后再对反面染色，最后形成镜像印花的效果。将植物材料撒在吊带背心的右前方，然后轻轻撒上染料粉末。请注意，不需要撒太多就能获得较深的颜色！用醋喷湿植物材料和染料粉末。

确保中心折叠区域和边缘也撒上了植物材料和染料粉末，避免中间和边缘出现空白。现在将吊带背心的左边折叠起来，完美地放在右边的上面，使侧边对齐。

折叠后，将背心从上到下卷起来，形成香肠形状。用绳子将它牢牢地固定住。

将捆扎好的背心放入蒸笼蒸1小时，参见第46页。每隔15分钟翻转一次，以获得均匀的蒸汽处理效果。1小时后，停止加热，让它冷却下来。用钳子取出捆扎包好。

待冷却到不烫手的时候，解开绳子，摊开背心，抖掉植物材料。这时，可以将背心浸入碱性助剂中，使颜色变暗。

将吊带背心挂在温暖且没有阳光直射的地方晾干。你需要放置至少2周，让染料固化并完全固定在背心上。

固化过程结束后，在清洗吊带背心之前，可以使用压熨布和蒸汽熨斗进行最后一次蒸汽熨烫。这是给背心上色的最后阶段。

用中性皂和温水或冷水轻轻清洗吊带背心。冲洗干净后，挂在外面晾干。

浸染礼品卡

一个给礼物增添自然色彩的最简单方法就是加上漂亮的礼品卡。你可以尝试染色包装纸或贺卡，在上面添加木刻图案（第127页）或用绘图墨水写上祝福的话语（第148页~第153页）。

所需材料和工具

染料材料

再生纸卡片

小碗

水

细绳

夹子、挂钩

染料材料

胭脂虫粉，参见第71页。在一小碗水中加入大约¼茶匙的染料粉末就足够给20张卡片上色了。或者使用其他织物染色时剩余的染浴。

纸质卡片

纸质行李标签或礼品卡，最好使用回收再利用的。你也可以尝试使用再生纸，如印度的手工纸，它是由棉纺织业的边角料制成的，但也有出色的质地。

染色法

冷染色法，参见第58页。

将礼品卡浸入染浴中，直到获得所需的颜色深度。这里显示的这张礼品卡仅浸泡了30秒左右。但是，如果你用的是硬质卡片，并且喜欢更深的色调，你可以将它们浸泡在染浴中长达12小时。

轻轻地将染色卡片从染浴中取出，快速短暂地浸入清水中，冲洗掉表面多余的染料。这样就仅留下上色后纸纤维的真实颜色。

用夹子或挂钩将卡片夹在绳子上晾干。操作时要小心，潮湿的卡片特别脆弱，而且颜色会弄脏其他表面。

放置30分钟，或者卡片摸起来很干就可以了。要获得更深的颜色，请重复该过程。

织补套头衫

每个人都有一件非常喜爱的套头衫，若衣服出现了破洞，要想旧衣服获得第二次生命，一个好方法是用对比色的羊毛纱线进行织补，使它的不完美成为一个特征。这种方法是基于日本一种特别的审美概念wabi-sabi，颂扬残缺之美。

所需材料和工具

套头衫

织补蘑菇或茶杯（可选）

染色纱

大眼织补针

染料材料

茜草粉末，参见第73页。茜草粉末的用量是纱线重量的10%。因此，大约200克的纱线需要20克茜草粉末。

羊毛

混纺（动物纤维）。我用的是两股的100%纯羔羊毛，但任何羊毛都适用。

媒染剂

矿物基媒染剂明矾和酒石，参见第35页。

染色法

热染色法，参见第73页。注意只能加热到80℃，以免损坏羊毛。

如果你用的是"织补蘑菇或茶杯"，请把它放在套头衫破洞下面。

剪一段纱线，穿针引线。在靠近破洞但并没有损坏的地方，一针一针地缝几针，以固定线头。

在破洞外面缝一条连续的缝线，缝在衣服没有损坏的地方。

接下来，从顶部到底部进行循环垂直缝合。

将线从一侧的底部向上拉，水平穿过垂直缝线，在垂直缝线的上方和下方编织。

在垂直针脚旁边的未受损地方缝几针。在靠近第一针的地方进行第二次水平缝合，以与第一针相反的方式在垂直缝线的上方和下方缝合。像以前一样在未损坏的地方缝一针。继续交替编织，直到补好整个破洞。

最后，在一个地方缝上几针以固定住线，针穿过织补区域后，在靠近表面的地方剪断线。

靠垫套

靠垫可以为你的家增添自然色彩。对比鲜明的染料颜色和简单的几何形状赋予它们现代感。

所需材料和工具

纸和铅笔

30厘米×30厘米鸭绒、鹅毛或羽绒靠垫

卷尺或直尺

染色织物

裁缝针

裁缝划粉

裁缝剪刀

缝纫机

适合颜色的缝纫线

熨斗和熨衣板

2块普通棉布，每块32厘米×22厘米

染料材料

粉红色由胭脂虫染料染色，参见第71页。珊瑚色由茜草染料染色，参见第73页。紫色由洋苏木染料染色，参见第90页。

织物

有机棉（植物纤维），使用中等重量或超重的紧密编织棉布。你也可以使用另一种植物纤维，如亚麻。这个作品充分利用了废料和边角料。

媒染剂

对于棉花，使用两步染色法的矿物基媒染剂，栎瘿、明矾和苏打粉，参见第38页。

染色法

热染色法。胭脂虫，参见第71页。茜草，参见第73页。洋苏木，参见第90页。

在纸上画一个32厘米×32厘米的正方形，包括周围1厘米的缝份。使用正方形和三角形填充正方形，绘制一个简单的几何图案。

剪下几何图案，放在布料上，每张纸之间留有一定的空间。使用裁缝划粉或可洗的记号笔，在每个形状外围标出1厘米的缝份，画虚线即可。

沿着虚线剪出形状。用熨斗将每边的缝份熨压到反面。

将布料平铺，看看哪些需要缝在一起。取两块放在一起，将要缝制的边对齐。用缝纫机沿着熨斗压好的缝，缝出一条直线。将接缝压开，减少膨松感。以同样的方式缝合其他布块，直到所有的布块缝合在一起，形成一个完整的正方形。

将每块平纹布料的长边，折叠约3毫米，然后折叠约7毫米，形成一个双折边。使用缝纫机在靠近第一个折边的位置进行缝合。

将作为背面的布料展平，正面朝上放置，将第二块布料放在其上方，也是正面朝上，让折边重叠。调整重叠部分，使两块布料变成32厘米×32厘米的正方形，然后缝合重叠部分将两块布料拼接在一起。

将拼接好的布料和用作背面的布料边缘都对齐，用别针固定。让别针与边缘成直角，以便在上面缝合。

用缝纫机缝合四周边缘，每边留下1厘米的缝边。最好从一边的中间开始缝合，待缝到边角处，旋转一下就可以缝下一边了，最后就形成了一个整齐的方角。重复上述步骤，直到回到起点，然后反向缝2厘米以固定接缝的末端。

剪断线头，将靠垫套里面翻出来，用钝的工具将边角整理平整，然后用熨斗熨烫，最后装入靠垫芯即可。

围裙

靛蓝还原染色亚麻围裙的制作简单易上手。深蓝色的色调掩盖了各种瑕疵，并通过反复洗涤很好地保持了颜色。

我很喜欢古代日本士兵的靛蓝和服，看他们穿上手工制作的长袍，就仿佛感受到一股神秘的保护力量。

所需材料和工具

围裙模板（可在botanicalinks网站下载）

图案制作纸

铅笔

卷尺

剪刀

1米长、90厘米宽的靛蓝染色亚麻布

别针

熨斗和熨衣板

缝纫机

缝纫线

3米长、38毫米宽的有机棉织带

染料材料

靛蓝，参见第110页至第116页。

织物

我用了编织密实的中等重量的棉布（植物纤维）。你可以使用类似的织物，如亚麻。

染色法

靛蓝还原染色，参见第110页至第116页。

首先制作一个图案，或者直接使用模板。制作图案时，从一卷图案制作纸上剪下1米长的纸。将它对折，折叠线在右边。沿着折叠线从底边垂直测量90厘米，并标记记号1。

从记号1开始，向左画一条15厘米的水平线，确保它与折叠线成直角。在这条线的左端标记记号2。

沿着底边从折叠处向左测量35厘米，并标记记号3。

从记号1开始，沿折叠线向下测量26厘米，并标上一个点。从这个点开始，画一条与折叠线成直角的35厘米长的水平线。在这条线的左端标记记号4。

用垂直线连接记号3和记号4。用向内弯曲的线连接记号4和记号2。

剪下这个形状，别在布料上。从布料上沿形状剪下。

从一块备用布料上剪下一个边长15厘米的正方形，作为围裙的口袋。

将口袋顶部向下折叠1厘米，然后折叠1厘米，做成一个双折边。用熨斗按压折叠处，然后在靠近第一个折边处缝合。

将口袋的其他三面折叠1厘米，用熨斗按压。

将口袋正面朝上固定在围裙右侧的中心，距离围裙顶部边缘向下36厘米处。

只缝合口袋的侧面和底部，让顶部敞开。

在围裙的四周做一个双折边，向下折叠1厘米，然后向下折叠1厘米。用熨斗按压折叠处，然后在靠近第一个折边处缝合。

从棉织带上剪下55厘米长作为颈环。

将围裙正面朝下放在工作台面上，用别针将织带颈环固定在顶部，使每端与顶部折边重叠约4厘米，距离两侧约1厘米。

在织带一端的重叠处缝出一个正方形，然后在正方形的对角线上缝出一个十字形。织带的另一端重复上述步骤。

将剩余的棉织带剪成两半，在每一半的一端做双折边。

将未折边的一端别在围裙两侧的腰线处，与侧面折边重叠约4厘米，在顶部边缘向下约1厘米处。

在重叠部分缝出一个正方形，然后从一个角到另一个角缝出一个十字形。

丝巾

人人都要有一块漂亮丝巾。在特殊场合，披上一大块点缀着植物印花图案的天然布料，并被印在上面的神奇药草包裹，给人一种很安全的感觉。

所需材料和工具

2米 ×1米大小的捆扎染色的丝绸

熨斗

细缝针

缝纫线

染料材料

新鲜的蜀葵和绣球花，干燥的矢车菊和金盏花、茜草，新鲜和干燥红玫瑰的混合物。胭脂虫和洋苏木染料粉末。

织物

我使用了一种上好的羊绒类型丝绸（动物纤维）。你也可以使用任何编织紧密的动物纤维。

媒染剂

对于丝绸，使用矿物基媒染剂明矾和酒石，参见第35页。

染色法

捆扎染色，参见第94页至第101页。

在这种特殊的设计中，我使用了一种手风琴式的折叠方法，将布料的短边以扇形的方式前后折叠。然后沿着长度方向，用相同的方法折叠。

助剂

浸泡在碱性助剂铁溶液中可获得柔和的色调，参见第42页、第43页。

任何一种轻质面料都可以包边，但较重的面料就不太适合。给大围巾包边需要花费不少时间，但为美丽付出代价也是值得的。你可以借助缝纫机包边，但我发现手工包边的效果更好。

将织物平放在工作台面或熨衣板上，用熨斗熨平折痕。

包边时，首先向背面折叠1.7厘米，然后将布料的毛边折叠7毫米，你就有了1厘米宽的双折边。用熨斗熨烫褶皱，这有助于缝合得更整齐。

接下来，从一个角落开始，在一个地方缝上几针固定住线（而不是在线的末端打结）。

采用简单的跳针缝合方法。在折边底部正下方缝一条对角线，然后从右向左对角移动，在折边顶部缝几针。

在左侧留出大约2厘米的间隙，缝下一针，再次在折边正下方，对角移动，在折边顶部进行缝合。这个过程可以重复3~5次，再把线穿过去。

然后轻轻拉动线，不要太紧，但也不要太松，使针迹中间出现间隙。继续这个动作，直到到达一个角落，缝上几针将线固定后，针穿过折边在靠近织物的地方剪断线。

用一条新的线重新开始，继续在容易隐藏的角落缝上几针用以固定线。重复上述步骤，直到围巾的四面都做好包边。

风吕敷

风吕敷是日本传统上用来包裹衣服或礼物的包袱布，经常使用靛蓝作染料，采用绞染技术进行染色。它比一次性包装纸更环保，也成为礼物的一个部分。包袱布是可以反复使用的。这是一份不断给予的礼物。

日本有许多风吕敷包装技法，根据你想要包装的物品而不同，你可以从以下两种简单的方法着手。

所需材料和工具

一块长方形或正方形的绞染染色有机棉、亚麻或其他中等重量或较重的紧密编织布料

待包装的礼物，方形或瓶状

染料材料

靛蓝，参见第110页至第116页。你也可以尝试使用茜草（第73页）、胭脂虫（第71页）或洋苏木（第90页）等染料粉末。

织物

中等重量有机棉布（植物纤维）。

媒染剂

这里使用靛蓝还原染色，所以没有使用媒染剂。如果你使用染浴，并且想要明亮的颜色，就需要选择最适合的待染色纤维的媒染剂。

染色法

靛蓝还原染色，参见第110页至第116页。

也可以使用任何染浴制作方法。关于绞染方形和三角形手风琴折叠工艺，参见第119页至第122页。

如何包装长方形或正方形礼物

将一块布料平放在你面前，一个角朝向你。

如下页图所示，将长方形或正方形礼物放在布料对角线中心处。

拿起布料的右边角，将其折叠在礼物上，然后将其塞在礼物下面。

拿着布料的左边角，将其折叠在礼物上，然后将其塞在礼物下面。

将两个自由角在包裹好的礼物的顶部打结。

如何包装瓶子

将一块布料摊开，将瓶子竖直放在中间。

拿起离你最远的两个角，将它们之间的边缘折叠大约5厘米。将两个角绕到瓶子前面，一个角在另一个上面。

拿起离你最近的另外两个角，将它们之间的边缘折叠大约5厘米。

将这两个角绕到瓶子背面，将它们相互交叉，再绕到瓶子前面，然后打成一个结。

睡眠眼罩

某些植物性治疗药物因其对身心的舒缓和镇静作用而闻名，非常适合用于制作睡眠眼罩。丝绸是一种很好的面料，即使敏感的皮肤都能感受到丝绸的柔软。你可以使用缝纫机缝制眼罩，但其实手工缝制更容易，毕竟眼罩是一件很小的物品。缎带系带应该足够长，可以打成蝴蝶结。

所需材料和工具

睡眠眼罩模板（可在botanicalinks网站下载）

描图纸和铅笔

大约30厘米×30厘米大小的捆扎染色织物

裁缝别针

织物剪刀

羊毛（或其他天然纤维）

2条丝带，每条大约45厘米长（或者可以从染色的织物上剪下丝带）

熨斗和熨衣板

直尺

划笔

细缝针

缝纫线

带均匀送布齿的缝纫机（可选）

染料材料

新鲜的薰衣草、玫瑰和艾蒿，以及干燥的洋甘菊、金盏花和达米阿那都有助于睡眠。

织物

丝绸，可以使用制作其他物品时的边料。

媒染剂

对于丝绸，使用矿物基媒染剂明矾和酒石，参见第35页。

染色法

捆扎染色，参见第94页至第101页。

将模板在纸上描画两遍，用剪刀剪出形状。将其中一个贴到你的脸上检查尺寸是否合适。记得留1厘米的缝份。如果你想要更大或更小的眼罩，请先调整张纸模板。

你需要将每个纸样的顶部边缘与织物的纬纱对齐，也就是说与布料边缘成直角。这样眼罩才能舒适地贴合你的头部轮廓。如果你对它们的位置感到满意，用裁缝别针将两个纸样别在布料上。用剪刀把它们剪下来。你还需要一层内衬垫，所以用其中一个纸样从羊毛衬垫上剪下纸样形状。

将剪下来的三块叠放在一起，中间是羊毛衬垫，另两块面料的正面朝外。

这时需要为三块叠放的布料包边。从布料上剪下一条包边带，宽3厘米，长度足以环绕眼罩外边缘一周。将包边带纵向对折，让其反面折叠在一起，并用熨斗熨压中间对折处。再次展开包边带，然后将每个长边压向中间对折处。

将一根丝带的一端用别针固定在眼罩背面任一边，使它们平齐，固定处略高于中间点。用尺子和粉笔在眼罩两侧用虚线标出1厘米的缝份。

展开包边带的一边，将它的正面放在眼罩的背面，眼罩的毛边和包边带的毛边对齐。从别针固定丝带的一边开始，用包边带将眼罩边缘平滑包裹起来，包裹的同时用别针固定。按照眼罩上标出的虚线，可保持包边带的宽度不变。

使用颜色相配的线，通过缝纫机或手工，沿着展开的接缝线将包边带缝到眼罩下边。再将丝带缝上去，缝合的同时取下别针。

沿着眼罩边缘将包边带折向眼罩前面，并再次用别针固定。沿着折叠处手工缝上包边带。或者用缝纫机进行明缝，让针迹与反面包边带的边缘对齐，使其不那么显眼。最后将缝合好的眼罩边缘按压整齐。

抽绳手提袋

人人都应该有几个手提袋，放在家门口、车里和手提包里，这样你就随时可以用上环保的非塑料袋。手提袋的制作简单快捷。你可以使用各种不同的天然染料和印花技术、织物，制成形状和大小各异的手提袋。

所需材料和工具

45厘米×55厘米大小的染色织物

熨斗和熨衣板

卷尺或直尺

裁缝别针

缝纫机

缝纫线

大的安全别针

绳子或丝带

染料材料

添加了铁作为媒染剂的黄颜木染料粉末。关于制作印花墨水的说明，参见第125页。

染色法

模版印花，参见第127页、第128页。

织物

轻质亚麻（植物纤维）。

媒染剂

对于亚麻布，使用两步染色法矿物基媒染剂，栎瘿、明矾和苏打粉，参见第38页。

你不需要按照给定的尺寸使用布料，只需要留出4厘米宽和5厘米长的部分作为缝份，然后按照你喜欢的尺寸制作手提袋。

将织物平放在工作台面或熨衣板上，用熨斗熨平折痕。

将袋子的侧面和底部向反面折叠1厘米，然后折叠1厘米，做一个双折边。这样可以防止织物磨损。用熨斗按压折叠处，然后用别针固定，让别针与边缘成直角。

接下来，在袋子顶部设置拉绳通道，方法是将织物往里面向下折叠1厘米，然后向下折叠3厘米，只要能使通道足够大以容纳你的拉绳即可。用熨斗按压折叠处，然后用别针固定。使用缝纫机，在靠近第一个折边的地方进行缝合。

将布料对折，将正面折叠在一起，让两个包边对齐，一个在另一个的上面。取下别针，再将别针穿过折叠在一起的各层，将两侧固定在一起。

按之字形缝法缝好每条侧缝和底缝，从底部折叠处开始直到顶部包边下方。注意，一定不要穿过顶部的槽缝，因为你需要从中穿过拉绳！

取下别针，将袋子正面翻过来。用钝器工具将边角处理平整。

折叠绳子或丝带的末端，然后系上安全别针。使用安全别针将绳子或丝带穿过顶部通道，正好绕过袋子顶部一周，从通道的另一端穿出。将拉绳的两端打结。

供应商

天然染料

英国

狂野的色彩：wildcolours 网站

忙碌的蜜蜂农场：busybeesfarm 网站

美国

植物颜料：botanicalcolors 网站

极光丝绸：aurorasilk 网站

生态布供应商

英国

布屋：clothhouse 网站

胶印仓库：offsetwarehouse 网站

绿色纤维：greenfibres 网站

植物油墨工坊（英国有机种植丝绸）：botanicalinks 网站

布里斯托尔布料 - bristolcloth 网站

美国

极光丝绸：aurorasilk 网站

Vreseis（有机彩色种植棉）：vreseis 网站

澳大利亚

美丽的丝绸：beautifulsilks 网站

生态纱线

英国

更黑的纱线：blackeryarns 网站

柽柳：tamariskfarm 网站

康沃尔有机羊毛：cornishorganicwool 网站

纱线纱线：yarnyarn 网站

美国

羊毛制品：woolery 网站

工业之声：voicesofindustry 网站

Vreseis（有机彩色种植棉）：vreseis 网站

兰妮的拉娜：lanislana 网站

生态纸供应商

英国

生态工艺（回收）：eco-craft 网站

牧羊人（回收和手工制作）：store.bookbinding 网站

美国

生态纸：ecopaper 网站

传统艺术用品

英国

伦敦画材店 L Cornelissen & Son：cornelissen 网站

其他有用的和有教育意义的网站

未来植物：pfaf 网站

纤维生产：fibershed 网站

可持续时尚中心：sustainablefashion 网站

清洁棉：sustainablecotton 网站

纺织艺术中心：textileartscenter 网站

尹杜·弗林特：indiaflint 网站

慢速纤维工作室：slowfiberstudios 网站

索引

致谢

我非常感谢有这么多人参与了我的运用天然染料和著作本书的旅程。

泽娜·阿尔卡亚特（Zena Alkayat），非常感谢你给我写这本书的机会，也感谢你用卓越的表达能力和敏锐的洞察力让我的文字变得清楚易懂。你在编辑方面的专业知识与你的热情和幽默如此完美地匹配。感谢你对这个项目的承诺以及对我工作的信任，并为了我们共同的创作目标，召集了你的梦之队。

金·莱特博迪（Kim Lightbody），谢谢你美丽的摄影作品，让这本书栩栩如生。感谢亚历山大·布雷泽（Alexander Breeze）的出色造型和迷人风采。感谢克莱尔·罗奇福德（Claire Rochford）塑造了如此出色的视觉效果和流畅度。感谢Quadrille的整个编辑团队，他们倾注了大量的心血，将图片打磨得尽善尽美。

永远感谢我的家人和朋友，他们用爱心和关心指导了我的每一步成长。

谢谢妈妈和冬妮娅（Tonia）一直陪伴在我身边，谢谢爸爸帮助我实现梦想！我的妈妈是我追求可持续生活的最初灵感来源。

亲爱的卡塞金斯（Cassykins），感谢我们多年的友谊，也感谢你送的数百张洋葱皮！

艾玛·黑格（Emma Hague），你在可持续纺织品领域的出色工作为我们带来了希望。你让我们知道，当我们有一个强烈的愿景并共同努力实现它时，我们可以做些什么。你是一个伟大的、有远见的人，你将我们这些人联系在一起，在你的身上智慧和同情心得到完美平衡。和你一起工作真是一种福气。感谢你一直以来的鼓励和支持。

路易丝（Louise），你是我这条路上最初的照亮者。我非常感谢这个鼓舞人心和恰到好处的介绍，感谢你总是在我最需要你的时候出现。

亲爱的彼得罗内拉（Petronella），谢谢你一直在那里，谢谢你的体贴人心、鼓舞人心和滋养人心的友谊，谢谢你的出色想法和带给我的感动。

佩德（Ped），谢谢你这么多年的友谊，谢谢你一直在豪宅招待我。

索菲·惠普（Sophie HP），感谢你在本书成书的几个月里的热情接待和所有支持。

索菲亚（Sofia）和布蕾迪（Bridie），你们在这个创作过程中的耐心、支持、敬业精神和空间分享，让我非常感激。

汤姆·比尔（Tom Beale），对于你提供的所有爱心和慷慨支持，我将永远感激不尽。

塔玛拉（Tamara），感谢你分享你的故事和你的光芒。

感谢我所有的老师、导师和同事，他们如此慷慨地与我分享了他们的智慧、激情、洞察力和经验，培养了我对天然材料的理解。

感谢拉希德（Rashid）带领我进入古老的天然印染世界，那里有曾经的印度河谷文明。感谢迈克尔（Michael）分享你的家、你的紫薯和你那迷人的天然染色智慧。感谢大卫·克兰斯维克（David Cranswick）这位鼓舞人心和慷慨的老师。感谢尹杜·弗林特（India Flint）如此忠于你的价值观。感谢卡拉·玛丽·皮亚扎（Cara Marie Piazza）的神奇巫术。感谢凯西·哈特瑞（Kathy Hattori）的善良慷慨以及你如此美丽的灵魂。感谢珍妮·迪恩（Jenny Dean）为我照亮了道路。感谢米歇尔·加西亚（Michel Garcia）简化了有机靛蓝还原染色工艺，并使之变得如此容易。

感谢在布里斯托尔、伦敦和更广泛的可持续纺织品、设计、工艺、种植和农业领域的社区。在你们中间我有一种归属感，这带给我荣誉和快乐。感谢我周围这些不可思议的梦想家、创新者、实干家和心胸开阔的人。

感谢利兹·哈里森（Lizzie Harrison）的智慧和支持。感谢Dash + Miller的慷慨指导和渊博知识。感谢芬希尔农场（Fernhill Farm），作为一个鼓舞人心的羊毛合作伙伴。感谢旧市场庄园（Old Market Manor），为植物油墨工坊提供生存空间。夏洛特（Charlotte）和埃拉（Ela），感谢你们的耐心！Langfordians，感谢你们源源不断地支持和理解曾经一团糟的局面。永续厨园（the Ethicurean），感谢你的支持和鼓励。Barley Wood Walled Garden 的马克（Mark），感谢你的大黄叶！The Forge 的西尔基（Silki），感谢创造并分享了这样一个美丽的空间。费德·布里斯托（Feed Bristol），感谢你分享你的空间。Flowers from the Plot，感谢你美丽的花。布屋（Cloth House），感谢你为美丽的布料而存在。狂野的色彩（Wild Colour），感谢你提供负责任的染料来源。Matter Wholefoods，感谢你的洋葱皮。Chi Wholefoods，感谢你的有机食品。Cornelissen & Son 和 Shepherds Bookbinders，感谢提供所有美丽的物品！

还有所有我没有提到的朋友，你们都参与了这个创造性的旅程。感谢每一位参加过我讲习班的优秀学生，感谢你们愿意投身天然染料的玩乐和实验。通过与你们分享这些创造美丽的技巧，我从你们身上也学到了很多。

这本书充满了来自大地对我们深深的爱和万物相互联系的信念，致力于让人们意识到我们造物的方式是从土壤中来，再到土壤中去。愿我们找到回归地球和谐生活的道路。

内 容 提 要

本书主要为家庭印染提供指导。首先对天然染色、染料制作和使用以及各种染色工艺做了介绍。为便于实际操作，在染料颜色这一部分列出了一些可以找到或买到的流行染料，并概述了它们的特性。最后的实际应用部分提供了一系列染色创意，例如，制作餐布、礼品卡、套头衫、靠垫套、丝巾等日常用品。本书不仅可以让读者了解天然印染的相关知识，还可以让读者活学活用，自制一些手边常用之物，既能装点生活，又能陶冶情操。

原书英文名：Botanical Inks
text©Babs Behan 2018
photography©Kim Lightbody 2018
design©Quadrille 2018
First published in the United Kingdom by Quadrille, an imprint of Hardie Grant Publishing in 2018.

本书中文简体版经 Quadrille 授权，由中国纺织出版社有限公司独家出版发行。

图书在版编目（CIP）数据

植物染：活色生香／（英）巴布斯·贝汉著；华敏译 . -- 北京：中国纺织出版社有限公司，2022.6（2024.7 重印）
书名原文：Botanical Inks
ISBN 978-7-5180-9447-9

Ⅰ.①植…　Ⅱ.①巴…　②华…　Ⅲ.①植物—天然染料—染料染色—研究　Ⅳ.① TS193.62

中国版本图书馆 CIP 数据核字（2022）第 052673 号

责任编辑：魏　萌　亢莹莹　　特约编辑：周　蓓
责任校对：楼旭红　　　　　　　责任印制：王艳丽

中国纺织出版社有限公司出版发行
地址：北京市朝阳区百子湾东里 A407 号楼　邮政编码：100124
销售电话：010 — 67004422　传真：010 — 87155801
http：//www.c-textilep.com
中国纺织出版社天猫旗舰店
官方微博 http://weibo.com/2119887771
北京华联印刷有限公司印刷　各地新华书店经销
2022 年 6 月第 1 版　2024 年 7 月第 2 次印刷
开本：889×1194　1/16　印张：12
字数：217 千字　定价：98.00 元

凡购本书，如有缺页、倒页、脱页，由本社图书营销中心调换